U0581357

应用型本科院校计算机类专业校企合作实训系列教材

嵌入式操作系统实验指导教程

主 编 曲 波
副主编 张 健 李 滢 徐家喜 陈 飞

南京大学出版社

应用型本科院校计算机类专业校企合作实训系列教材编委会

主 任 委 员：刘维周

副主任委员：张相学　徐　琪　杨种学(常务)

委　　　员(以姓氏笔画为序)：

王小正　王江平　王　燕　田丰春　曲　波

李　朔　李　滢　闵宇峰　杨　宁　杨立林

杨蔚鸣　郑　豪　徐家喜　谢　静　潘　雷

前　言

随着电子技术及计算机技术的不断发展与普及,计算机的应用已经遍及人类生活与工作的各个领域,一个新的分支——嵌入式系统应运而生。为适应嵌入式人才的需求,国内各高校都开设了嵌入式系统课程,包括嵌入式操作系统、嵌入式系统体系结构、嵌入式系统设计与应用等。显然,嵌入式操作系统是一门重要的专业课程,加强对这门课程的教学研究,尤其是实验教学的研究,对学习与理解整个嵌入式系统的相关课程具有重要意义,是值得深入研究与探讨的。

目前国内绝大多数高校在《嵌入式操作系统》及相关课程中都使用现成的嵌入式操作系统(如嵌入式 Linux)或嵌入式内核(如 μC/OS - Ⅱ)作为实验平台,但由于代码量大,这种实验平台并不利于普通本科学生学习与掌握嵌入式操作系统的核心与本质。

鉴于嵌入式系统开发及课程教学的需要,结合国内高校嵌入式系统的教学现状,作者自行开发设计了一个简洁实用的嵌入式操作系统内核。

为适应课程实验教学的需要,将整个系统分解成 5 个系列实验项目,包括“内置式自适应 Boot Loader”、“UART 及格式化输出”、“MMU 及硬件中断”、“软件中断及系统调用”和“实时与分时多任务调度”。该系列实验采用循序渐进的原则,由小到大,精心设计了实验内容。除第一个实验外,其他实验都是在前一个实验的基础上增加功能实现的,同时又都是独立的实验项目。最后一个实验项目实现了一个同时支持实时与分时调度的ARM 平台嵌入式多任务操作系统内核,全部源代码不到 3 000 行。

本教程按照实验开发顺序,对每个实验的目的、预备知识、实验步骤及关键代码作了详细指导与分析,并在附录中提供了系列实验项目的示范源代码,供学生实验时参考,便于学生学习与研究。本教程适用于大学本科及高职高专《嵌入式操作系统》及相关课程的教学实验,也适用于相关专业嵌入式工程技术人员参考。

本书由南京晓庄学院曲波任主编,安徽三联学院计算机工程学院张健,南京晓庄学院李滢、徐家喜、陈飞任副主编。

编　者

目 录

第一章　嵌入式操作系统实验基础知识

1.1　常用嵌入式操作系统简介

1.1.1　商业版嵌入式操作系统

一、Windows CE

Windows CE 是微软公司嵌入式、移动计算平台的基础。它是一个开放的、可升级的 32 位实时嵌入式操作系统,拥有出色的图形界面,方便的集成开发环境和开发工具,相对简单的系统定制、裁剪和交叉编译。Windows CE 是精简的 Windows 95,已有的基于 Windows 的开发经验都可以继承到嵌入式开发实践中,可以使用类似于 Windows 上的应用软件开发工具(如 VS. NET,EVC 等);Windows CE 已得到大量硬件厂商的支持,包括 MIPS 系列、ARM 系列、SH 系列、X86 系列等。

基于 Windows CE 构建的嵌入式系统大致可以分为 4 个层次,从底层向上依次是:硬件层、OEM 层、操作系统层和应用层。每一层分别由不同的模块组成,每个模块又由不同的组件构成。这种层次性的结构将硬件和软件、操作系统和应用程序隔开,具有层次性强、可移植性好、组件可剪裁、强调编程接口和支持上层应用等特点。

硬件层是指由 CPU、存储器、I/O 端口、扩展板卡等组成的嵌入式硬件系统,是 Windows CE 操作系统必不可少的部分。对于不同的应用领域,嵌入式系统中的硬件通常是根据实际需要进行定制和裁剪的。

OEM 层是逻辑上位于硬件和 Windows CE 操作系统之间的一层硬件相关代码。它的主要作用是对硬件进行抽象,当抽象出统一的接口后,Windows CE 内核就可以用这些接口与硬件进行通信。

操作系统层为嵌入式系统提供一个运行平台,包括 4 个关键模块:内核(提供线程调度、内存管理和中断处理、调试支持等)、存储(包括文件系统、系统注册表、CE 数据库)、通讯接口(提供对各种通信硬件和数据协议的支持)、图形和窗口事件子系统(用于显示文本和图像)。

应用层是应用程序的集合,通过调用 Win32 API 来获得操作系统服务。

针对不同的系统,Windows CE 使用了不同的开发技术:Windows CE 使用的

VC++5.0开发系统嵌入式工具包,提供了系统库、工具、文本和样本代码,从而使OEMs能够针对特定的硬件平台进行 Windows CE 标准定制。嵌入式工具包也包括设备驱动包(DDK)和软件开发包(SDK),其中,DDK 提供了关于写驱动器的附加文本,SDK 提供了库、头文件、样本代码、文本以允许开发者对基于 Windows CE 的平台进行写操作。Windows CE 提供了相同的程序界面,以用来为其他的视窗操作系统开发功能。例如,Windows CE 版本 1.01 支持大约 1 000 个微软 Win32 API 函数中的 500 个,这就意味着大量不同类的工具、第三方书籍和 Win32 开发者训练教程,可以替代或为Windows CE 系统的开发者所用。实时系统的开发者能够使用 VDFF 5.0 的嵌入式工具包,可以把操作系统转移到特定的平台,并为这个平台开发附加设备驱动器和实时功能。

二、VxWorks

VxWorks 操作系统是美国 WindRiver 公司于 1983 年设计开发的一种嵌入式实时操作系统(RTOS),它凭借着良好的持续发展能力、高性能的内核以及友好的用户开发环境,在嵌入式实时操作系统领域占据一席之地。VxWorks 操作系统以其良好的可靠性和卓越的实时性被广泛地应用在通信、军事、航空、航天等高精尖技术及实时性要求极高的领域中,如卫星通讯、军事演习、弹道制导、飞机导航等。在美国的 F-16、FA-18 战斗机、B-2 隐形轰炸机和爱国者导弹上,甚至连 1997 年 4 月在火星表面登陆的火星探测器上也使用到了 VxWorks 操作系统。

VxWorks 实时操作系统包括微内核 WIND、高级网络支持、强有力的文件系统和I/O管理、C++和其他标准等核心模块,且具有多达 1 800 个功能的应用程序接口(API);使用范围非常广,可以用于从最简单到最复杂的产品设计;可靠性高,且具有高度的适用性,可以用于所有流行的 32 位 CPU 平台。

VxWorks 是一种功能强大且比较复杂的操作系统,仅依靠人工编程调试,很难发挥它的功能并设计出可靠、高效的嵌入式系统。Tornado 就是为了开发基于 VxWorks 应用系统而提供的集成开发环境,Tornado 中包含工具管理软件,可以将用户自己的代码与VxWorks 的核心系统有效地组合起来,从而轻松、可靠地完成嵌入式应用开发。

1.1.2 开源版嵌入式操作系统

一、eCos

eCos(embedded Configurable operating system),即嵌入式可配置操作系统,是一个源码开放的可配置、可移植、无版税、面向嵌入式应用的实时操作系统,其全部代码使用C++编写,最初起源于美国的 Cygnus Solutions 公司。1999 年 11 月,RedHat 公司以6.74 亿美元收购了 Cygnus 公司。在此后的几年里,eCos 成为其嵌入式领域的关键产品,得到了迅速的发展。

虽然 eCos 是 Red Hat 的产品,但是 eCos 并不是 Linux 或 Linux 的派生,eCos 弥补了 Linux 在嵌入式应用领域的不足。目前,一个最小配置的 Linux 内核大概有 500 KB,需要占用 1.5 MB 的内存空间,这还不包括应用程序和其他所需的服务;eCos 可以提供实时嵌入式应用所需的基本运行基件,而只占用几十 KB 或几百 KB 的内存空间。从eCos 的名称可以看出,它最大的特点在于它是一个配置灵活的系统。eCos 的核心部分

是由不同组件组成的,具体包括以下组件:

1. 硬件抽象层(HAL):用来向上层提供统一的硬件视图,屏蔽硬件的差异;
2. 设备驱动程序:标准串口,以太网卡,Flash ROM 等;
3. 内核:包括异常处理,线程同步支持,调度器,定时器,计数器;
4. ISO C 和数学库:标准 C 函数库;
5. GDB 支持:使得目标机上可以和主机通讯进行交叉调试。每个组件都能提供大量的可配置选项,利用 eCos 提供的配置工具可以很方便地进行配置。通过不同的配置使得 eCos 能够满足不同的嵌入式应用。

eCos 支持很多种平台,包括 ARM, Hitachi, SuperH, NEC, PPC, MIPS, SPARC 等。针对新的体系结构,只需要移植 eCos 的 HAL 层,上层应用基本上可以不必或稍加改动。

二、μC/OS‐Ⅱ

μC/OS‐Ⅱ是一个可裁剪、源码开放、结构小巧、抢占式的实时多任务内核,主要面向中小型嵌入式系统,具有执行效率高、占用空间小、可移植性强、实时性能优良和可扩展性强等特点。μC/OS‐Ⅱ中最多可支持 64 个任务,分别对应 0～63 个任务优先级,其中 0 为最高优先级。实时内核在任何时候都是运行就绪的最高优先级任务,是真正的实时操作系统。

μC/OS‐Ⅱ最大限度地使用 ANSI C 语言开发,用户只要有标准的 ANSI C 交叉编译器,有汇编器、连接器等软件工具,就可以将 μC/OS‐Ⅱ嵌入到开发的产品中。μC/OS‐Ⅱ的最小内核可编译至 2KB,当前已经移植到了几乎所有知名的 CPU 上。

严格地说,μC/OS‐Ⅱ只是一个实时操作系统内核,它仅仅包含了任务调度、任务管理、时间管理、内存管理以及任务间的通信和同步等基本功能,没有提供输入输出管理、文件系统和网络等额外的服务。但由于 μC/OS‐Ⅱ良好的可扩展性和源码开放,这些非必需的功能完全可以由用户自己根据需要分别实现。μC/OS‐Ⅱ目标是实现一个基于优先级调度的抢占式的实时内核,并在这个内核之上提供最基本的系统服务,如信号量、邮箱、消息队列、内存管理和中断管理等。

三、嵌入式 Linux

嵌入式 Linux 是将 Linux 操作系统进行裁剪修改,使之能嵌入到计算机系统上运行的一种操作系统。嵌入式 Linux 既继承了 Internet 上无限的开放源代码资源,又具有嵌入式操作系统的特性,被广泛地应用在移动电话、个人数字助理(PDA)、媒体播放器、消费性电子产品以及航空航天等领域,具有十分广阔的未来。

嵌入式 Linux 是按照嵌入式操作系统的要求而设计的一种小型操作系统,它由一个 Kernel(内核)及一些根据需要进行定制的系统模块组成。Kernel 一般只有几百 KB 左右,即使加上其他必需的模块和应用程序,所需的存储空间也很小。它具有多任务、多进程的系统特征,有些还具有实时性。一个小型的嵌入式 Linux 系统只需要引导程序、Linux 微内核、初始化进程三个基本元素。

嵌入式 Linux 的优势就是利用 Linux 操作系统的特点,将其应用到嵌入式系统中。第一,Linux 是开放源代码的,不存在黑箱技术,遍布全球的众多 Linux 爱好者又是 Linux 开发者的强大技术支持;第二,Linux 的内核小、效率高,内核的更新速度很快,

Linux 是可以定制的,其系统内核最小只有约 134 KB;第三,Linux 是免费的 OS,在价格上极具竞争力。Linux 还有着嵌入式操作系统所需要的很多特色,突出的就是 Linux 适应于多种 CPU 和多种硬件平台,是一个跨平台的系统。到目前为止,它可以支持二三十种 CPU。而且性能稳定,裁剪性好,开发和使用都很容易。很多 CPU 包括家电业芯片,都开始做 Linux 的平台移植工作,移植的速度远远超过 Java 的开发环境。也就是说,如果今天用 Linux 环境开发产品,那么将来换 CPU 就不会遇到困扰。同时,Linux 内核的结构在网络方面是非常完整的,Linux 对网络中最常用的 TCP/IP 协议有最完备的支持。提供了包括十兆、百兆、千兆的以太网络、无线网络、令牌环网、光纤甚至卫星的支持。

嵌入式 Linux 的应用领域非常广泛,主要有信息家电、PDA、机顶盒、Digital Telephone、Answering Machine、Screen Phone、数据网络、Ethernet Switches、Router、Bridge、Hub、Remote access servers、ATM、Frame relay、远程通信、医疗电子、交通运输、计算机外设、工业控制、航空航天等领域。

1.2　ARM 技术概述

ARM 公司(Advanced RISC Machine)于 1990 年 11 月在英国剑桥成立,是全球领先的半导体知识产权(IP)提供商,并因此在数字电子产品的开发中处于核心地位。

ARM 公司是专门从事基于 RISC 技术芯片设计开发的公司,公司本身并不直接从事芯片生产,而是通过转让设计许可由合作公司生产各具特色的芯片,世界各大半导体生产商从 ARM 公司购买其设计的 ARM 微处理器核,根据各自不同的应用领域,加入适当的外围电路,从而形成自己的 ARM 微处理器芯片进入市场。全球领先的原始设备制造商(OEM)都在广泛使用 ARM 技术,应用领域涉及手机、数字机顶盒以及汽车制动系统和网络路由器等。当今,全球 95% 以上的手机以及超过四分之一的电子设备都在使用 ARM 技术。

1.2.1　ARM 体系结构的技术特征及发展

一、ARM 的技术特征

ARM 的成功,一方面得益于它独特的公司运作模式,另一方面,来自于 ARM 处理器自身的优良性能。作为一种先进的 RISC 处理器,ARM 处理器有如下特点:

1. 体积小、低功耗、低成本、高性能;
2. 支持 Thumb(16 位)/ARM(32 位)双指令集,能很好地兼容 8 位/16 位器件;
3. 大量使用寄存器,指令执行速度更快;
4. 大多数数据操作都在寄存器中完成;
5. 寻址方式灵活简单,执行效率高;
6. 指令长度固定。

二、ARM 体系结构的发展

ARM 处理器的指令集体系结构从最初的 V1 版本发展到现在有了巨大的改进,并在不断完善和发展,先后出现了 V1、V2、V3、V4、V5、V6、V7 七个主要的版本,在 2011 年 10 月,ARM 公开了最新的 ARM V8 架构的技术细节。每一种体系结构的版本,都可以由多种处理器来实现,ARM 体系结构的发展如表 1-2-1 所示。ARM V1~V3 版本的处理器未得到大量应用,ARM 处理器的大量广泛应用是从其 V4 版本开始的。

表 1-2-1　ARM 体系结构的发展

体系结构	ARM 处理器核
V1	ARM1
V2	ARM2
V2a	ARM2AS、ARM3
V3	ARM6、ARM600、ARM610
V3	ARM7、ARM700、ARM710
V4T	ARM7TDMI、ARM710T、ARM720T、ARM740T
V4	Strong ARM、ARM8、ARM810
V4T	ARM9TDMI、ARM920T、ARM940T
V5TE	ARM9E-S、ARM946E-S、ARM968E-S
V5TE	ARM10TDMI、ARM1020E
V5TEJ	ARM9EJ-S、ARM926EJ-S、ARM7EJ-S、ARM1026EJ-S
V6	ARM1156T2-S、ARM1136J(F)-S、ARM1176JZ(F)-S、ARM11 MPCore
V7	ARM Cotex-A 系列、ARM Cotex-R 系列、ARM Cotex-M 系列
V8	尚未推出处理器

1.2.2　ARM 微处理器结构

ARM9 系列微处理器是迄今最受欢迎的 ARM 处理器,本书使用的硬件平台 FL2440 也是基于 ARM9 处理器的。

ARM9TDMI 支持 Thumb 指令集,并支持片上调试。ARM9 内核采用哈佛体系结构,即使用 2 个独立的存储模块分别存储指令和数据,每个模块都不允许指令和数据并存,具有独立的地址总线和数据总线。ARM9TDMI 的组织结构如图 1-2-1 所示。

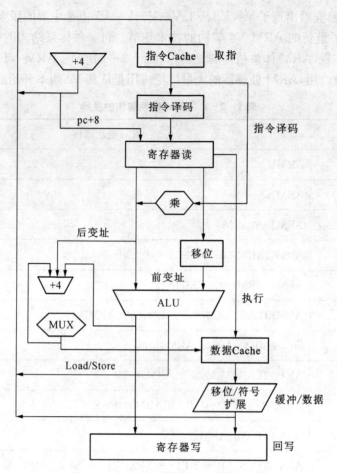

图 1-2-1　ARM9TDMI 的组织结构图

ARM9TDMI 是一款 32 位嵌入式 RISC 处理器内核。在指令操作上采用 5 级流水线,其各级操作功能如下:

1. 取指:从指令 Cache 中读取指令;

2. 译码:对指令进行译码,识别出是对哪个寄存器进行操作并从通用寄存器中读取操作数;

3. 执行:进行 ALU 运算和移位操作,如果是对存储器操作的指令,则在 ALU 中计算出要访问的存储器地址;

4. 存储器访问:如果是对存储器访问的指令,通过数据 Cache 来实现数据缓冲功能;

5. 寄存器回写:将指令运算或操作结果写回到目标寄存器中。

1.2.3　ARM 内核工作模式

ARM 处理器共有 7 种工作模式,如表 1-2-2 所示。

表 1-2-2 ARM 处理器 7 种工作模式

处理器模式	说　明
用户模式(User,usr)	正常程序执行模式,用于应用程序
快速中断模式(FIQ,fiq)	处理快速中断,用于支持高速数据传送或通道处理
外部中断模式(IRQ,irq)	处理普通中断
管理模式(Supervisor,svc)	系统复位和软件中断响应时,进入此模式,用于系统初始化或操作系统功能
数据访问中止模式(Abort,abt)	存储器保护异常处理
未定义指令中止模式(Undefined,und)	未定义指令异常处理,支持硬件协处理器的软件仿真
系统模式(System,sys)	运行特权操作系统任务

在以上模式里除了用户模式以外的其他模式都属于特权模式。在特权模式下,程序可以访问所有的系统资源,也可以进行任意的处理器模式切换。除系统模式外的其他 5 种特权模式又称异常模式。

处理器模式可以通过软件控制和异常处理过程进行切换。大多数程序在用户模式下运行,这时应用程序不能访问一些受系统保护的资源,且应用程序也不能直接进行处理器模式切换。当应用程序发生异常中断时,处理器进入相应的异常模式。在每一种异常模式中都有一组寄存器,供相应的异常处理程序使用,这样可以保证在进入异常模式时,用户模式下的寄存器不被破坏。

系统模式并不是通过异常进入的,它和用户模式具有完全一样的寄存器。但系统模式属于特权模式,不受用户模式限制。有了这个模式,操作系统要访问用户模式的寄存器就比较方便。同时,操作系统的一些特权任务可以使用系统模式,以访问一些受控资源,而不必担心异常出现时的任务状态变得不可靠。

1.2.4 ARM 存储系统

与中低档单片机不同的是,ARM 处理器中一般都包括一个存储器管理部件,用于对存储器的管理。同时,为了适应不同的嵌入式应用系统的需要,存储系统的体系结构差别很大,最简单的存储系统地址空间的分配方式是固定的,系统各部分都使用物理地址,而一些复杂系统可能包括下面的一种或几种技术,从而提供更为强大的存储系统。

1. 系统中可能包含多种类型的存储器,如 FLASH、ROM、SRAM 和 SDRAM 等,不同类型存储器的速度和宽度等各不相同。

2. 通过使用 CACHE 及 WRITE BUFFER 技术缩小处理器和存储系统速度差别,从而提高系统的整体性能。

3. MMU(内存管理部件)通过内存映射技术实现虚拟空间到物理空间的映射。在系统加电时,将 ROM/FLASH 映射为地址 0,这样可以进行一些初始化处理;当这些初始化完成后,将 RAM 地址映射为 0,并把系统程序加载到 RAM 中运行,这样很好地解决了嵌入式系统的需要。

4. 引入存储保护机制,增强系统的安全性。

5. 引入一些机制保证 I/O 操作映射成内存操作后,各种 I/O 操作能够得到正确的结果。

6. 用于存储管理的系统控制协处理寄存器 CP15。在基于 ARM 的嵌入式系统中，存储系统通常使用 CP15 来完成存储器的大部分管理工作；除了 CP15 之外，在具体的存储机制中可能还会用到其他技术，如页表技术等。

1.2.5　ARM 寄存器组织

ARM 处理器有 37 个 32 位的寄存器：

1. 31 个通用寄存器

包括程序计数器 PC、堆栈指针及其他通用寄存器。

2. 6 个状态寄存器

这些寄存器不能被同时看到，在 ARM 处理器的 7 种运行模式下，每种模式都有一组与之对应的寄存器组。在所有的寄存器中，有些是各模式共用的同一个物理寄存器；有些是各模式自己独有的物理寄存器。ARM 寄存器组织如表 1-2-3 所示。

表 1-2-3　ARM 寄存器组织

寄存器类别	各模式实际访问的物理寄存器						
	用户模式	系统模式	管理模式	中止模式	未定义模式	IRQ 模式	FIQ 模式
通用寄存器	R0						
	R1						
	R2						
	R3						
	R4						
	R5						
	R6						
	R7						
	R8						R8_fiq
	R9						R9_fiq
	R10						R10_fiq
	R11						R11_fiq
	R12						R12_fiq
	R13		R13_svc	R13_abt	R13_und	R13_irq	R13_fiq
	R14		R14_svc	R14_abt	R14_und	R14_irq	R14_fiq
	R15(PC)						
状态寄存器	CPSR						
	无		SPSR_svc	SPSR_abt	SPSR_und	SPSR_irq	SPSR_fiq

一、通用寄存器

通用寄存器(R0~R15)可分成 3 类：不分组寄存器 R0~R7、分组寄存器 R8~R14、

程序计数器 R15,下面分别加以介绍:

1. 不分组寄存器 R0～R7

R0～R7 是不分组寄存器。这意味着在所有处理器模式下,它们每一个都访问的是同一个物理寄存器。它们是真正并且在每种状态下都统一的通用寄存器。不分组寄存器没有被系统用于特别的用途,任何可采用通用寄存器的应用场合都可以使用不分组寄存器,但必须注意对同一寄存器在不同模式下使用时的数据进行保护。

2. 分组寄存器 R8～R14

寄存器 R8～R14 为分组寄存器。它们所对应的物理寄存器取决于当前的处理器模式。

寄存器 R8～R12 有两个分组的物理寄存器。一组用于除 FIQ 模式之外的所有寄存器模式(R8～R12),另一组用于 FIQ 模式(R8_fiq～R12_fiq),这样的结构设计有利于加快 FIQ 的处理速度。

寄存器 R13、R14 分别有 6 个分组的物理寄存器。一组用于用户和系统模式;其余 5 组分别用于 5 种异常模式。

R13 常用作堆栈指针,称作 SP。处理器的每种异常模式下都有自己独立的物理寄存器 R13,所以在用户应用程序的初始化部分,一般要初始化每种模式下的 R13,使其指向该异常向量专用的栈地址。在异常处理程序入口处,将用到的其他寄存器的值保存在堆栈中。返回时,重新将这些值加载到寄存器,起到保护程序现场的作用。

R14 用作子程序链接寄存器(Link Register),也称为 LR。在结构上有两个特殊功能:在每种处理器模式下,模式自身的 R14 用于保存子程序返回地址。当使用 BL 或 BLX 指令调用子程序时,R14 被设置成子程序返回地址。子程序返回通过将 R14 复制到程序计数器 PC 来实现,如执行"MOV PC,LR"或者"BX LR"两条指令之一。还有一种方式如下:

在子程序入口,使用以下指令将 R14 存入堆栈:

STMFDSP!,{<registers>,LR}

对应的,使用以下指令可完成子程序返回:

LDMFDSP!,{<registers>,PC}

当发生异常时,该模式下对应的 R14 被设置为异常返回地址(有些异常有一个小的固定偏移量,此部分将在 2.4 中介绍)。在其他情况下,R14 可作为通用寄存器使用。

3. 程序计数器 R15

寄存器 R15 被用作程序计数器,也称为 PC。由于 ARM 处理器采用流水线机制,当正确读取 PC 时,该值为当前指令地址值加 8 字节。也就是说对于 ARM 指令来说,PC 指向当前指令的下两条指令的地址。在 ARM 状态下,PC 的第 0 位和第 1 位总是为 0;在 Thumb 状态下,PC 值的第 0 位总是为 0。当成功向 PC 写入一个地址数值时,程序将跳转到该地址执行。

PC 虽然也可作为通用寄存器,但一般不这样使用。因为对于 R15 的使用有一些特殊限制,违反了这些限制,程序执行结果未知。

二、程序状态寄存器

CPSR(当前程序状态寄存器)可以在任何处理器模式下被访问,它包含了条件标志位、中断使能位、当前处理器模式标志以及其他的一些控制和状态位。

每一种异常模式下又都有一个专用的物理状态寄存器,称为程序状态备份寄存器

（SPSR）。当特定的异常发生时，SPSR 用于保存 CPSR 的当前值，在异常中断程序退出时，可以用 SPSR 中保存的值来恢复 CPSR。

CPSR 和 SPSR 格式相同，它们的格式如图 1-2-2 所示。

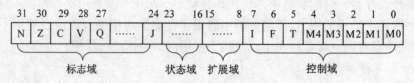

图 1-2-2　CPSR 和 SPSR 的格式

1. 标志域

（1）条件标志

N（Negative）、Z（Zero）、C（Carry）、V（Overflow）均为条件标志位。它们的值可被算数或逻辑运算的结果所改变，并且大部分的 ARM 指令可以根据 CPSR 中的这些条件标志位来选择是否执行。各条件标志位的具体含义如表 1-2-4 所示。

表 1-2-4　条件标志位的具体含义

标志位	含　　义
N	符号标志位。本位设置成当前指令运算结果的 bit[31] 的值。 当两个补码表示的有符号整数运算时，N=1 表示运算的结果为负数；N=0 表示结果为正数或零。
Z	结果为 0 标志位。Z=1 表示运算的结果为零；Z=0 表示运算的结果不为零。对于 CMP 指令，Z=1 表示进行比较的两个数大小相等。
C	进位或借位标志位。下面分 4 种情况讨论 C 的设置方法： 在加法指令中（包括比较指令 CMN），当结果产生了进位，则 C=1，表示无符号数运算溢出；其他情况下 C=0。 在减法指令中（包括比较指令 CMP），当运算中发生借位，则 C=0，表示无符号数运算溢出；其他情况下 C=1。 对于包含移位操作的非加/减法运算指令，C 被置为移出值的最后 1 位。对于其他非加/减法运算指令，C 位的值通常不受影响。
V	溢出标志位。对于加/减法运算指令，当操作数和运算结果为二进制的补码表示的带符号数时，V=1 表示符号位溢出。 通常其他的指令不影响 V 位，具体可参考各指令的说明。

（2）Q 标志位

在 ARM V5 的 E 系列处理器中，CPSR 的 bit[27] 称为 Q 标志位，主要用于指示增强的 DSP 指令是否发生了溢出。在 ARM V5 以前的版本及 ARM V5 的非 E 系列的处理器中，Q 标志位没有被定义。

（3）J 标志位

J 标志位为 Jazelle 状态标志位，在 V5TEJ 架构及以后被定义。J=1 时，处理器处于 Jazelle 状态。

2. 控制域

CPSR 的低 8 位（包括 I、F、T 及 M[4:0]）称为控制位，当发生异常时这些位发生变化。如果处理器运行特权模式，这些位也可以由程序修改。

（1）运行模式控制位 M[4:0]

控制位 M[4:0]控制处理器模式,具体含义如表 1-2-5 所示。

表 1-2-5　运行模式控制位 M[4:0]的具体含义

M[4:0]	模　式	可见的 ARM 状态寄存器
10000	用户模式	R0~R14,PC,CPSR
10001	FIQ 模式	R0~R7, R8_fiq~R14_fiq, PC, CPSR,SPSR_fiq
10010	IRQ 模式	R0~R12,R13_irq,R14_irq,PC,CPSR,SPSR_irq
10011	管理模式	R0~R12,R13_svc,R14_svc,PC,CPSR,SPSR_svc
10111	数据访问中止模式	R0~R12,R13_abt,R14_abt,PC,CPSR,SPSR_abt
11011	未定义指令中止模式	R0~R12,R13_und,R14_und,PC,CPSR,SPSR_und
11111	系统模式	R0~R14,PC,CPSR

（2）中断禁止位 I、F

当 I=1 时,禁止 IRQ 中断;当 F=1 时,禁止 FIQ 中断。

（3）T 控制位

指令执行状态控制位,用来说明本指令是 ARM 指令还是 Thumb 指令。对于 ARMV4 以及更高版本的 T 系列的 ARM 处理器:T=0 表示执行 ARM 指令;T=1 表示执行 Thumb 指令。对于 ARM V5 以及更高版本的非 T 系列的 ARM 处理器:T=0 表示执行 ARM 指令;T=1 表示强制下一条执行的指令产生未定义指令中断。

CPSR 中的其他位用于 ARM 版本的扩展。

1.2.6　ARM 指令系统

一、ARM 指令集的分类

ARM 指令集总体可以分为如下 6 大类:

1. 数据处理指令:主要完成寄存器中数据的算术运算和逻辑运算;

2. Load/Store 指令:主要完成对存储器的访问;

3. 分支指令:主要实现程序的跳转;

4. 程序状态寄存器访问指令:实现对程序状态寄存器 PSR 的控制;

5. 协处理器操作指令:实现对协处理器的控制;

6. 异常产生指令:用软件的方法实现异常。

二、ARM 指令的格式

ARM 指令字长为固定的 32 位,一条典型的 ARM 指令的语法格式如下:

＜opcode＞{ ＜cond＞}{s} ＜Rd＞,＜ Rn ＞{,＜operand2＞}

其中,＜ ＞号内的项是必需的,{ }号内的项是可选的。例如＜opcode＞是指令操作码,这是必须书写的;而{＜cond＞}为指令执行条件,是可选项,若不书写则无条件执行。

opcode　　　指令操作码,如 ADD、MOV 等;

cond　　　　指令执行条件,如 EQ、NE 等;

S　　　　　　决定指令的操作结果是否影响 CPSR 寄存器的值,书写 S 时影响 CPSR;
Rd　　　　　　目标寄存器;
Rn　　　　　　包含第 1 个操作数的寄存器;
operand2　　第 2 个操作数。

三、条件执行

几乎所有的 ARM 指令均可以包含一个可选的条件码,语法说明中以{<cond>}表示。只有在 CPSR 中的条件码标志满足指定的条件时,带条件码的指令才能执行;否则指令被忽略。使用指令条件码可实现高效的逻辑操作,提高代码效率。可以使用的指令条件码如表 1-2-6 所示。

表 1-2-6　指令条件码表

操作码	条件码助记符后缀	标　志	含　义
0000	EQ	Z=1	相等
0001	NE	Z=0	不相等
0010	CS/HS	C=1	无符号数大于或等于
0011	CC/LO	C=0	无符号数小于
0100	MI	N=1	负数
0101	PL	N=0	正数或零
0110	VS	V=1	溢出
0111	VC	V=0	没有溢出
1000	HI	C=1 且 Z=0	无符号数大于
1001	LS	C=0 且 Z=1	无符号数小于或等于
1010	GE	N=V	有符号数大于或等于
1011	LT	N! =V	有符号数小于
1100	GT	Z=0 且 N=V	有符号数大于
1101	LE	Z=1 且 N! =V	有符号数小于或等于
1110	AL	任何	无条件执行(默认)
1111	NV	任何	从不执行

1.2.7　ARM 汇编语言程序设计

下例是一个简单的 ARM 汇编程序,通过这一段程序读者可以了解 ARM 汇编指令格式及 ARM 汇编程序的基本元素和风格。

例:两个寄存器相加。

```
AREA arm_add,CODE,READONLY    ;定义了一个只读的叫 arm_add 的代码段
ENTRY                         ;程序入口
CODE32                        ;声明 32 位 arm 指令
START
```

```
    MOV      R0,♯32                    ;设置参数
    MOV      R1,♯1
LOOP
    BL       SUB_ADD                   ;调用 SUB_ADD 子程序
    B        LOOP                      ;跳转到 LOOP
SUB_ADD
    ADDS     R0,R1          ;R0 和 R1 相加后,结果保存到 R0 中并影响标志位
    MOV      PC,LR                     ;子程序返回
    END                               ;文件结束
```

下面简要介绍这个汇编程序的组成部分:

1. 伪操作

AREA　定义本程序段为代码段,名为 arm_add,属性为只读。ARM 汇编程序至少要声明一个代码段;

ENTRY　标志程序入口,因此,程序中有且只能有一个 ENTRY;

CODE32　指示其下的指令为 32 位的 ARM 指令;

END　指示汇编源文件的结束,每一个 ARM 汇编文件均要用 END 结束。

2. 标号

START、LOOP、SUB_ADD 为标号,标号必须顶格书写。除标号外,指令和伪操作都不能顶格。

3. 调用和返回指令

第 8 行的 BL 指令和第 12 行的"MOV PC,LR"为子程序 SUB_ADD 的调用和返回指令。

4. 注释

";"后面至行结束均为注释内容。

1.3　嵌入式系统实验平台

1.3.1　常用嵌入式系统开发平台简介

一、MDK

RealView 是 ARM 公司的开发工具品牌,RealView Microcontroller Development Kit(简称 RealView MDK 或 MDK)是 ARM 新推出的嵌入式微控制器软件开发工具。它集成了 μVision IDE 开发平台和 RealView 编译工具 RVCT,良好的性能使它成为 ARM 开发工具中佼佼者。

1. μVision IDE 简介

μVision IDE 平台是 Keil 公司(现为 ARM 的子公司)开发的微控制器开发平台,该平台可以支持 51、166、251 及 ARM 等近 2 000 款微控制器应用开发。μVision IDE 使用简单、功能强大,是设计者完成设计任务的重要保证。μVision IDE 还提供了大量的例程及相关信息,有助于开发人员快速开发应用程序。

μVision IDE 有编译和调试两种工作模式。编译模式用于管理工程文件和生成应用程序；调试模式下既可以使用功能强大的软件仿真器来测试程序，也可以使用调试器经Keil ULINK USB-JTAG 仿真器链接目标系统来测试应用程序。ULINK 仿真器可用于下载应用程序到目标系统的 Flash ROM 中。

2. 编译链接工具 RVCT

编译器是开发工具的灵魂。RVCT 编译器是 ARM 公司多年以来积累的成果，它提供了多种优化级别，帮助开发人员完成代码密度与代码执行速度方面的不同层次优化，是业界高效的 ARM 编译器。RVCT 具有优化代码的两个大方向，即代码性能和代码密度；四个逐次递进的优化级别，即 $-O0$、$-O1$、$-O2$、$-O3$。

相对于 ADS1.2 的编译器，RealView MDK 新增了 $-O3$ 编译选项，它可以最大程度的发挥 RVCT 编译器的优势，将代码优化为最佳状态。$-O3$ 有以下三个优点：

(1) 高阶标量优化：能够根据代码特点，针对循环、指针等进行高阶优化；

(2) 内嵌函数：把尽可能多的函数编译为内嵌函数；

(3) 联合优化：自动应用多文件联合优化功能。

据统计，与 ADS1.2 相比较，集成在 RealView MDK 中的 RVCT 编译器可以将相同代码的代码大小平均缩小 10%，而性能却平均提高 20%。为了进一步提高应用程序代码密度，RVCT 中集成了新型的 MicrolibC 函数库，它是 C 函数的 ISO 标准实时库的一个子集，可以将库函数的代码尺寸降低到最小，以满足微控制器在嵌入式领域中的应用需求。

3. 仿真与性能分析工具

当前多数基于 ARM 的开发工具都有仿真功能，但是大多数仅仅局限于对 ARM 内核指令集的仿真。MDK 的系统仿真工具支持外部信号与 I/O 仿真、快速指令集仿真、中断仿真、片上外设（ADC、DAC、EBI、Timers、UART、CAN、I^2C 等等）仿真等功能。与此同时，在软件仿真的基础上，MDK 的性能分析工具帮助用户实现性能数据分析，进行软件优化。MDK 仿真器模拟包括 ARM 内核与片内外设工作过程在内的整个目标硬件的强大仿真能力，开发人员可以在完全脱离硬件的情况下开始软件的开发调试，通过软件仿真器观察程序的执行结果。此外，MDK 提供开放的 AGSI 接口，支持用户添加自行设计的外设仿真。

4. RTL-ARM

RTL 是为了解决基于 ARM 微控制器的嵌入式系统的实时通信问题而设计的紧密耦合库集合。它分为 4 部分：RTX 实时内核、Flash 文件系统、TCP/IP 协议簇和 RTL-CAN（控制域网络）。MDK 内部集成的由 ARM 开发的实时操作系统内核 RTX，可以帮助用户解决多时序安排、任务调度、定时等工作。值得一提的是，RTX 可以无缝集成到MDK 工具中，是一款需要授权的、无版税的 RTOS。RTX 程序采用标准 C 语言编写，由RVCT 编译器进行编译。

二、ADS

ADS 是 ARM Developer Suite 的简称，是 ARM 公司继 SDT 之后推出的又一代关于ARM 处理器的编译、链接和调试集成环境系统。它与一般传统调试方法的调试系统不同：一是 ADS 集成开发环境把编译、链接和仿真调试分别集成在两个环境中，即把编译、链接集成在 CodeWarrior for ADS 中，很多情况下，把其中的图形界面称为 CodeWarrior IDE，把仿真调试环境集成在 ARM eXtended Debugger 中，一般简称 AXD；二是 ADS 既提供了图形环境编译、链接和调试方法，又提供了命令行编译、链接和调试方法，两种各具特色。

　　CodeWarrior for ADS 是一套完整的集成开发工具，充分发挥了 ARM RISC 的优势，使产品开发人员能够很好的应用尖端的片上系统技术。该工具是专为基于 ARM RISC 的处理器而设计的，它可加速并简化嵌入式开发过程中的每一个环节，使得开发人员只需通过一个集成软件开发环境就能研制出 ARM 产品，在整个开发周期中，开发人员无需离开 CodeWarrior 开发环境，因此节省了在操作工具上花的时间，使得开发人员有更多的精力投入到代码编写上来，CodeWarrior 集成开发环境（IDE）为管理和开发项目提供了简单多样化的图形用户界面。用户可以使用 ADS 的 CodeWarrior IDE 为 ARM 和 Thumb 处理器开发 C、C++或 ARM 汇编语言的程序代码。

　　调试器本身是一个软件，用户通过这个软件使用 Debug Agent 可以对包含有调试信息正在运行的可执行代码进行变量查看、断点设置等调试操作。AXD 是一个 ARM 处理器的集成仿真调试环境，界面也与很多 Windows 工具环境接近，它支持的主要调试方法有 ARMulator 调试方法、基于 JTAG 的调试方法以及基于 Angel 的调试方法等。

　　ADS 提供两种编译、链接和调试方法。一种是图形环境编译、链接和调试方法，这是一种 Windows 环境下使用的方法；另一种方法称为命令行方式，这是 DOS 环境下的方法，在使用命令行方式时，在 DOS 环境下通过使用键盘输入命令实现编译和链接。

　　三、GNU

　　GNU 计划，又称革奴计划。是由 Richard Stallman 在 1983 年 9 月 27 日公开发起的。目标是创建一套完全免费、自由的操作系统，基本原则是源代码共享及思想共享。所有在 GNU 计划下开发的软件均为 GNU 软件。GNU 的操作系统和开发工具都是免费的，遵循 GNU 通用公共许可证（GPL）协议，任何人都可以从网上获取全部的源代码。

　　除了大家熟知的 Linux 操作系统外，GNU 的软件还包括编译工具（gcc,g++）、二进制转换工具（objdump,objcopy）、调试工具（gdb,gdbserver,kgdb）和基于不同硬件平台的开发库等。

　　掌握了 GNU 工具后，开发者就可以开发或移植 C 或 C++代码的程序。用户可以不需要操作系统，直接开发简单应用程序。但对于更复杂的应用来说，操作系统必不可少。目前流行的源代码公开的操作系统如 Linux、μC/OS 都可以用 GNU 工具编译。

　　GNU 开发工具的主要缺点是采用命令行方式，用户掌握和使用比较困难，不如基于 Windows 系统的开发工具好用。但是，GNU 工具的复杂性是由于它更贴近编译器和操作系统的底层，并提供了更大的灵活性。一旦学习和掌握了相关工具，也就了解了系统设计的基础知识，为今后的开发工作打下基础。

1.3.2　虚拟机安装与配置

　　虚拟机（Virtual Machine）指通过软件模拟的具有完整硬件系统功能的、运行在一个完全隔离环境中的完整计算机系统。虚拟机并不是一台实际工作的计算机，而是存在于真实计算机上通过软件模拟来实现的计算机。虚拟机中有自己的 CPU、主板、内存、

BIOS、显卡、硬盘和光驱等。在 Windows 操作系统中安装虚拟机,用户可以利用虚拟机来安装 Linux 操作系统。

　　先进的虚拟技术可以使得模拟出来的虚拟机与真正的计算机没什么区别,所以用户可以在虚拟机中实现各种应用,如分区、格式化、安装系统和应用软件等。而这些操作对用户实际计算机系统并没有任何影响。常用的虚拟机软件有 VMware、Virtual PC 和 Bochs。

　　一、VMware

　　VMware 工作站(VMware Workstation)是 VMware 公司销售的商业软件产品之一。使用 Vmware 可以同时运行 Linux 各种发行版、Dos、Windows 各种版本、Unix 等,甚至可以在同一台计算机上安装多个 Linux 发行版、多个 Windows 版本。下面介绍 VMware 虚拟机软件的安装及虚拟机的创建过程。

　　1. 安装虚拟机软件 VMware 6.0.0 版本

　　在 Windows 操作系统下鼠标双击 setup. exe 图标,出现 VMware 的安装界面,所有的选项均采用默认选项,用鼠标点击"next",即出现安装进度条,系统开始安装 VMware,等待安装完成后,出现如图 1-3-1 所示安装完成界面。

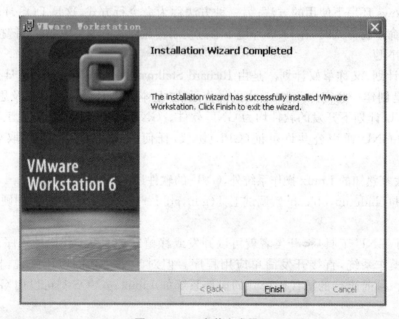

图 1-3-1　安装完成界面

　　鼠标点击【Finish】,虚拟机安装完成。系统提示重启计算机,电脑重新启动后,VMware 虚拟机安装完成。

　　2. 创建虚拟机

　　打开 VMware 虚拟机软件,选择【File】→【New】→【Virtual Machine】,出现新建虚拟机向导对话框,如图 1-3-2 所示。使用新建虚拟机向导创建一台虚拟机,用于安装 Linux 操作系统。

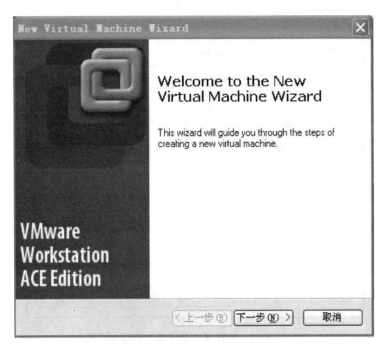

图 1 - 3 - 2　新建虚拟机向导对话框

通常只需要按照"Typical"典型配置安装虚拟机即可,使用"Custom"自定义安装稍微复杂一些,需要手工选择 CPU、硬盘等系统设备。安装界面如图 1 - 3 - 3 所示。

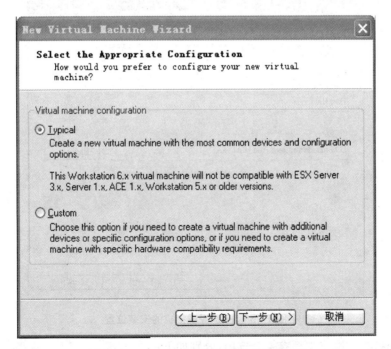

图 1 - 3 - 3　"Typical"与"Custom"安装界面

选择在此虚拟机上要安装的操作系统类型和版本,如图 1 - 3 - 4 所示。

图 1-3-4　选择操作系统类型和版本界面

　　选择虚拟机的安装位置，虚拟机是以文件的形式存放在硬盘中的，因此需要选择安装在具有足够大的空间的分区上，通常需要 5 GB 以上的空间，如图 1-3-5 所示。

图 1-3-5　选择虚拟机的安装位置

　　选择虚拟机的网络类型有 4 个选项，分别如下：

　　(1)"bridged networking"桥接网络表示创建的虚拟机有独立的 IP 地址，可以直接访问外部网络。

（2）网络地址翻译(NAT)表示与主机共用一个 IP 地址，依赖于主机来访问外部网络。

（3）"host-only"表示虚拟机无法访问外部网络，只能与主机进行通讯。

（4）最后是不使用网络功能。

一般选用"bridged networking"桥接网络，如图 1-3-6 所示。

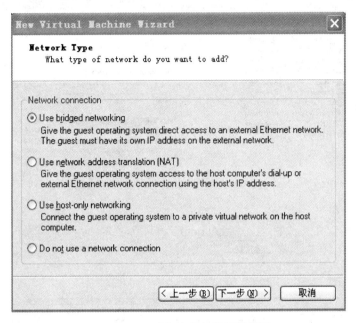

图 1-3-6　选择虚拟机的网络类型

　　为该虚拟机分配硬盘空间大小为 20 GB，此处需要注意安装分区是否还有足够大的空间进行分配，如图 1-3-7 所示。

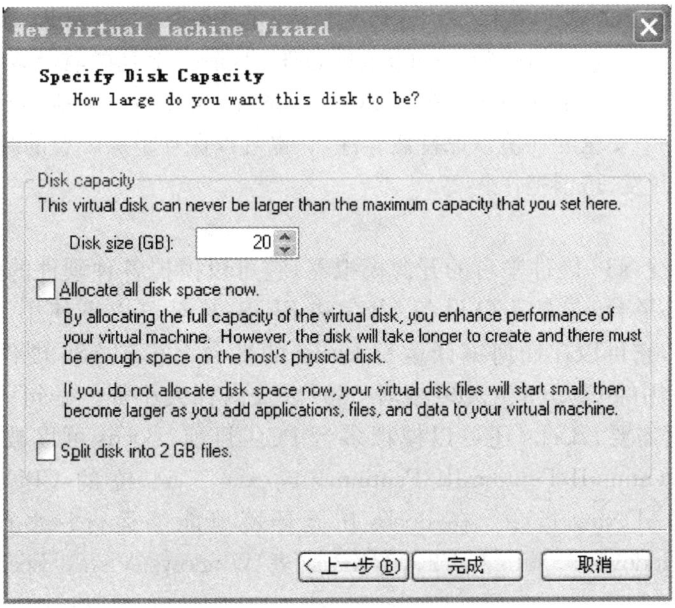

图 1-3-7　为虚拟机分配硬盘

点击【完成】按钮,这样就成功创建了一台虚拟机。下面可以设置内存,点击虚拟机
VMware 的【VM】→【settings】菜单,弹出虚拟机设置对话框,可以设置虚拟机使用的内
存为 512 MB 或 1 024 MB,如图 1 - 3 - 8 所示。

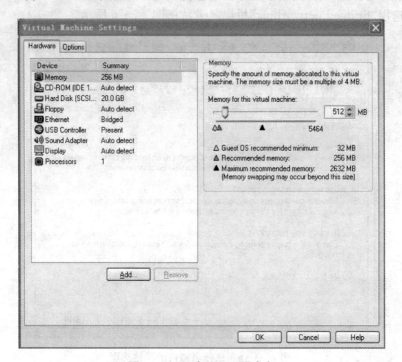

图 1 - 3 - 8　虚拟机设置内存

点击【OK】按钮,这样就新建了一个虚拟机,在 1.3.3 节会介绍在虚拟机上安装 Red
Hat 9.0 的过程。

二、Virtual PC

Virtual PC 是微软公司(Microsoft)收购过来的,最早不是微软开发的。Virtual PC
可以允许在一个工作站上同时运行多个 PC 操作系统,当转向一个新 OS 时,可以为运行
传统应用提供一个安全的环境以保持兼容性,它也可以保存重新配置的时间,进而更加有
效地进行支持、开发、培训工作。

三、Bochs

Bochs 是一个 x86 硬件平台的开源模拟器,它可以模拟各种硬件的配置。Bochs 模
拟的是整个 PC 平台,包括 I/O 设备、内存和 BIOS,甚至可以不使用 PC 硬件来运行
Bochs。事实上,它可以在任何编译运行 Bochs 的平台上模拟 x86 硬件。通过改变配
置,可以指定使用的 CPU(386、486 或者 586)以及内存大小等。一句话,Bochs 是电脑
里的"PC",根据需要,Bochs 还可以模拟多台 PC。目前,Bochs 可以被编译仿真 386、
486、Pentium/PentiumII/PentiumIII/Pentium4 或 x86 - 64 位 的 CPU,包括可选的
MMX,SSEx 和 3DNow 指令。在 Bochs 仿真环境里能够运行许多操作系统,比如
Linux、DOS、Windows 95/98/NT/2000/XP 或者 Windows Vista。Bochs 的发布遵守
GNU LGPL。

1.3.3　基于虚拟机及 GNU 工具链的 ARM 实验平台

一、在虚拟机上安装 Linux 操作系统 Red Hat 9.0

上一节中,在 Windows 下安装了虚拟机软件并新建了一台虚拟机,下面将介绍在虚拟机上安装 Red Hat 9.0 操作系统的过程,可以从光盘安装或者从网上下载操作系统 ISO 镜像,选择第二种方式的安装过程如图 1-3-9 所示。

1. 设置虚拟机安装路径

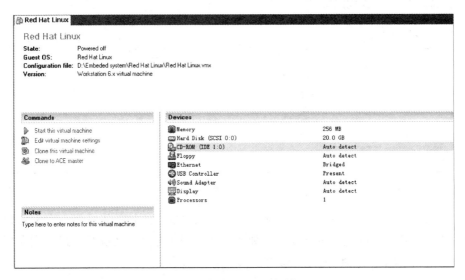

图 1-3-9　设置安装路径

双击虚拟机右边窗口的 CD-ROM 图标,弹出如图 1-3-10 所示界面。选择 Red Hat 9.0 ISO 镜像的存放位置,选择第一个 ISO 文件,单击【OK】按钮。

图 1-3-10　设置镜像的存放位置

2. 启动安装

单击虚拟机左边的"Start this virtual machine"启动虚拟机,进入启动界面如图 1-3-11 所示。对于未安装过操作系统的虚拟机就会进入操作系统的安装界面;如果已经安装过操作系统,就会直接启动操作系统。

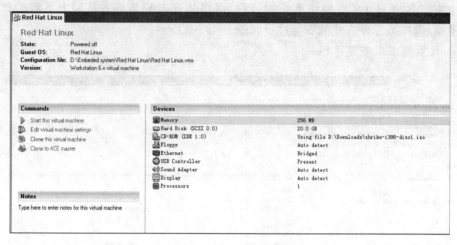

图 1-3-11　启动界面

Red Hat 9.0 提供了两种安装模式:图形安装模式和文本安装模式。文本安装模式一般用于早期系统内存较小的场景。只要大于 128 MB 内存的系统都可以使用图形安装模式,直接敲回车进入图形安装模式,如图 1-3-12 所示。

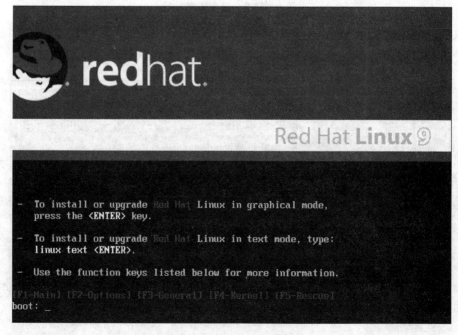

图 1-3-12　安装模式选择

3. 安装光盘介质检测

Red Hat 9.0 的安装步骤中比以往多了一个环节，那就是对安装光盘介质的检测。它允许在开始安装过程前对安装光盘介质进行内容校验，以防止在安装的中途由于光盘无法读取或是内容错误造成意外的安装中断，导致前功尽弃，也可以选择直接跳过。接下来就可以按提示安装了。

4. 语言选择

Red Hat 支持世界上几乎所有国家的语言，这里只要选中简体中文，并将系统默认语言选择为简体中文，那么在安装过程结束，系统启动后，整个操作系统的界面都将是简体中文的，用户不用做任何额外的汉化操作和设置，如图 1-3-13 所示。

图 1-3-13　语言选择

5. 键盘配置和鼠标配置

按照默认配置即可。

6. 安装类型

根据实际用途选择操作系统的类型，如图 1-3-14 所示。

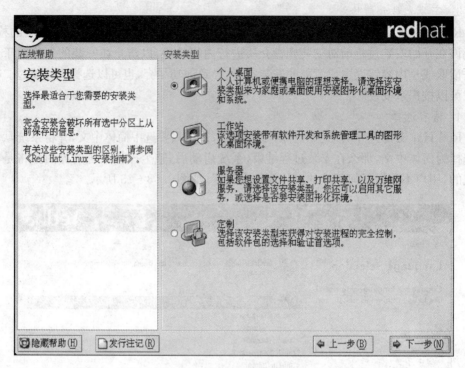

图 1-3-14　安装类型选择

7. 磁盘分区

这是整个安装过程中唯一需要用户较多干预的步骤，Red Hat Linux 9.0 提供了两种分区方式：自动分区和使用 DISK DRUID 程序进行手动分区。

（1）自动分区：如果是全新的计算机，上面没有任何操作系统，建议使用"自动分区"功能，它会自动根据磁盘以及内存的大小，分配磁盘空间和 SWAP 空间。这是一个"危险"的功能，因为它会自动删除原先硬盘上的数据并格式化成为 Linux 的分区文件系统（EXT3、REISERFS 等），所以除非计算机上没有任何其他操作系统或是没有任何需要保留的数据，才适合使用"自动分区"功能。

（2）手动分区：如果硬盘上有其他操作系统或是需要保留其他分区上的数据，建议采用 DISK DRUID 程序进行手动分区。DISK DRUID 是一个 GUI 的分区程序，它可以对磁盘的分区进行方便的删除、添加和修改属性等操作。Linux 一般可以采用 EXT3 分区，这也是 Red Hat Linux 9.0 默认采用的文件系统。

选择手动分区，单击【下一步】，如图 1-3-15 所示。

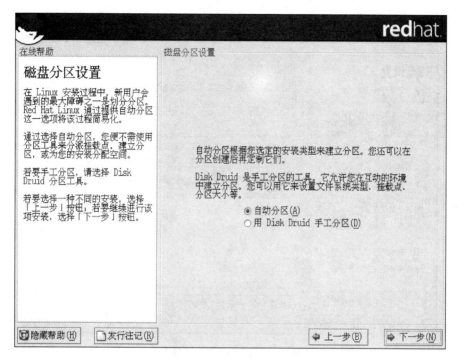

图 1-3-15　磁盘分区设置

弹出创建分区警告，单击【是】，如图 1-3-16 所示。

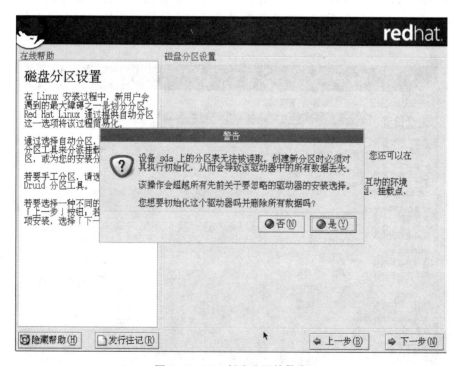

图 1-3-16　创建分区的警告

出现磁盘分区界面，如图 1-3-17 所示。

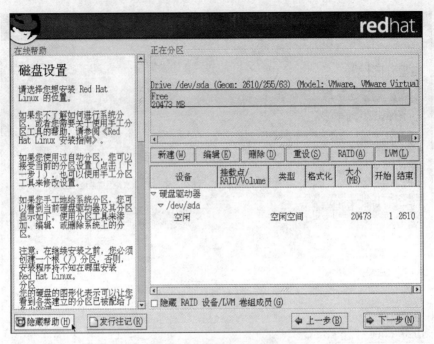

图 1-3-17　磁盘分区界面

　　点击【新建】按钮,添加交换分区(SWAP 分区,用来模拟内存)、根分区(根目录挂载的位置即系统安装的位置,除了/boot 分区下以外的所有文件都位于根分区下),也可再添加/boot 分区(包含操作系统内核及其他引导过程中使用的文件,100 MB 足够),如图1-3-18、1-3-19 所示。

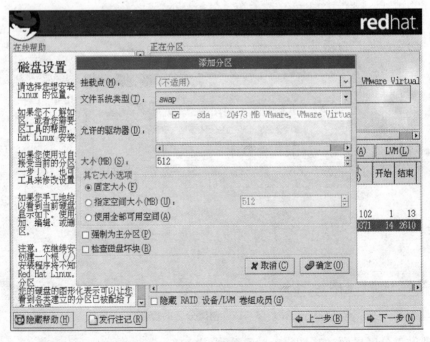

图 1-3-18　添加交换分区

图 1-3-19　添加根分区

添加分区结束后磁盘分区情况如图 1-3-20 所示。

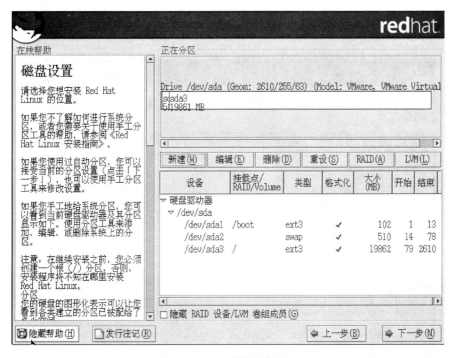

图 1-3-20　磁盘分区结果

磁盘分区是整个安装过程中相对复杂的一个步骤,剩下的安装步骤都比较简单。

8. 配置引导程序

配置方法如图 1-3-21 所示。

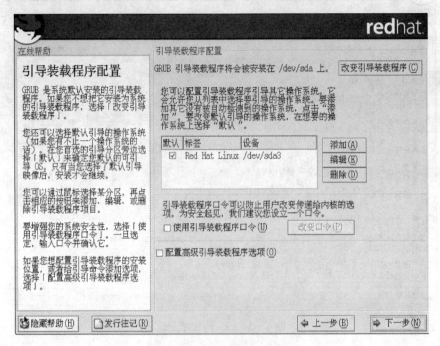

图 1-3-21   配置引导程序

9. 网络配置

网络配置如图 1-3-22 所示。

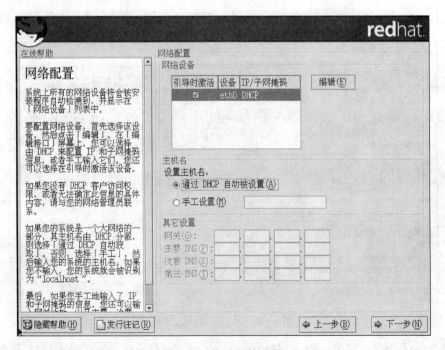

图 1-3-22   网络配置

10. 防火墙配置

防火墙配置如图 1 - 3 - 23 所示。

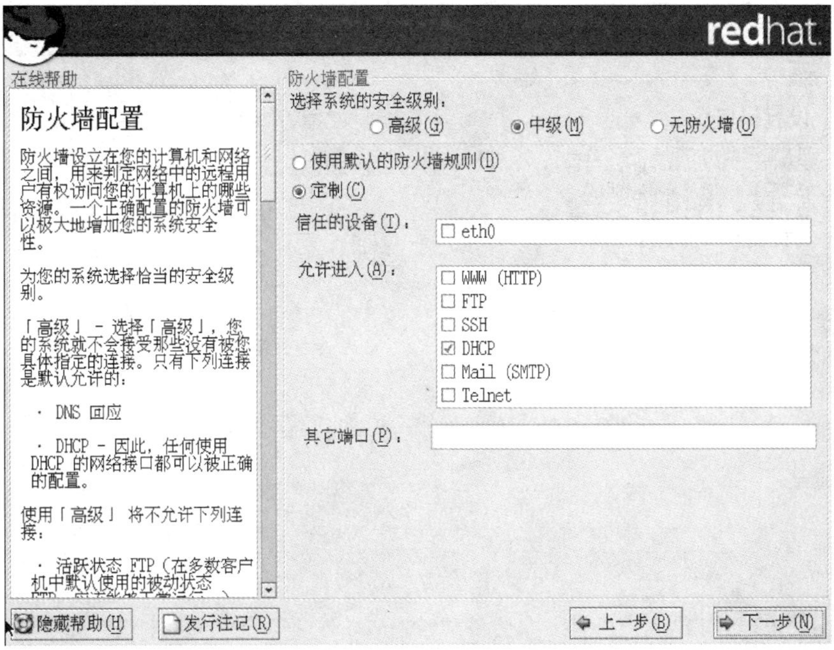

图 1 - 3 - 23　防火墙配置

11. 时区选择

时区选择如图 1 - 3 - 24 所示。

图 1 - 3 - 24　时区选择

12. 设置根口令

设置根口令如图 1-3-25 所示。

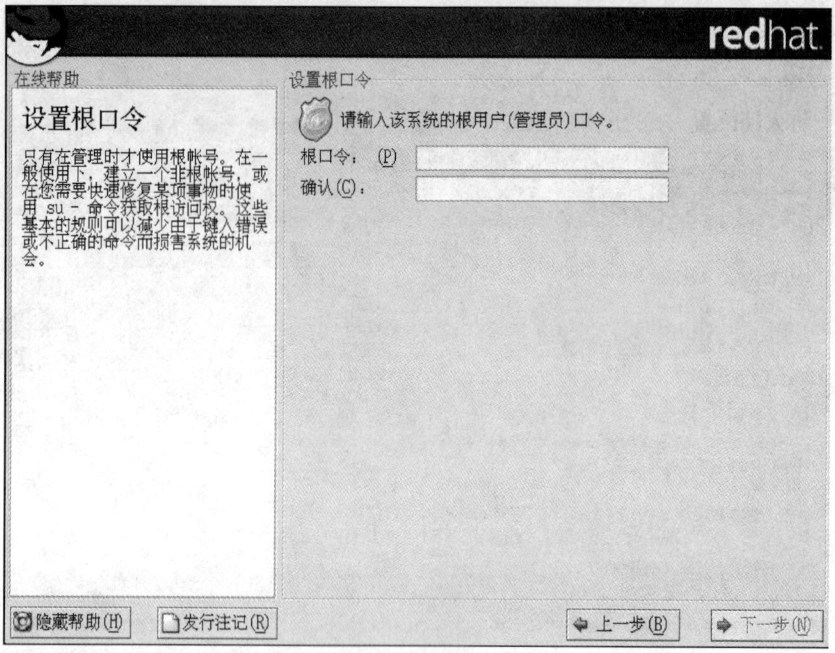

图 1-3-25　设置根口令

13. 安装软件包

安装软件包如图 1-3-26 所示,此步骤需要一定的时间。

图 1-3-26　安装软件包

14. 创建引导盘

创建引导盘如图 1-3-27 所示,选择【是】或【否】对安装影响不大。

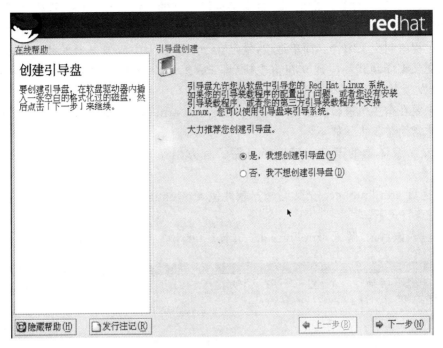

图 1-3-27 创建引导盘

完成上述步骤,Red Hat 9.0 就安装好了,如图 1-3-28 所示。

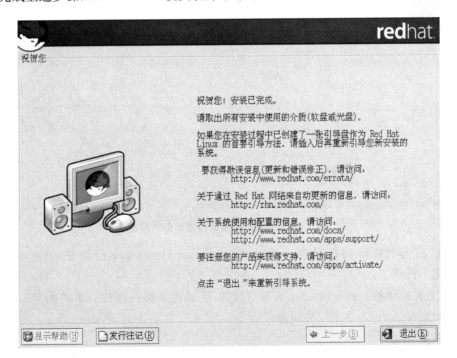

图 1-3-28 安装成功界面

二、交叉编译器的下载与安装

对于嵌入式系统的开发,由于没有足够的资源在本机(即开发板上)运行开发工具和调试工具,因此其软件开发常采用一种交叉编译调试的方法。在一种计算机环境中运行的编译程序,能编译出在另外一种环境下运行的代码,就称这种编译器支持交叉编译,这个编译过程就叫交叉编译。简单地说,就是在一个平台上生成另一个平台上的可执行代码。如交叉编译调试环境建立在宿主机(即 PC 机)上,应用程序在宿主机编译好后在 ARM 开发板上运行,开发板在这里被称作目标板。

如果要在宿主机进行交叉编译调试,需要用到 arm-linux-gcc 交叉编译器,安装交叉编译器非常简单。步骤如下:

1. 交叉编译器的下载。可选择可靠的官方网站下载交叉编译器 arm-linux-gcc-3.4.1。

2. 拷贝 arm-linux-gcc 交叉编译器软件包 arm-linux-gcc-3.4.1.tar.bz2 到 Red Hat 9.0 的任意目录下。

3. 进入该目录,解压 arm-linux-gcc-3.4.1.tar.bz2,如图 1-3-29 所示。

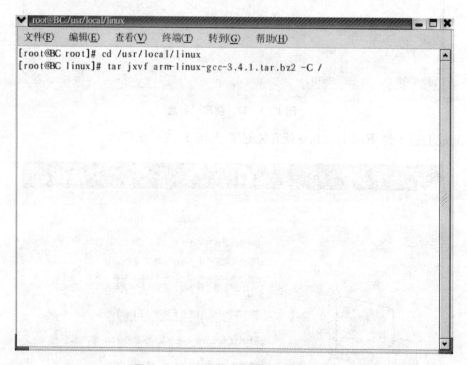

图 1-3-29 交叉编译器软件包的解压

"-C /"表示解压到根目录下,解压完成后,arm-linux-gcc 已被安装在/usr/local/arm/3.4.1 目录下。

4. 交叉编译器 arm-linux-gcc 安装完成后,还要将其路径添加到系统的 PATH 环境变量,修改/etc/profile 文件,增加路径设置。首先在终端下打开/etc/profile 文件,如图 1-3-30所示。

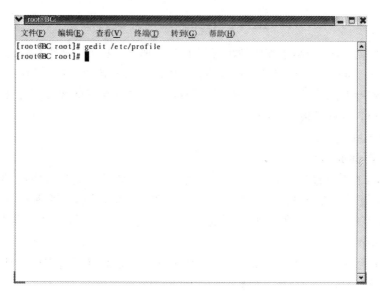

图 1 - 3 - 30　增加路径设置

在打开的文件末尾添加如下代码：

export PATH= ＄PATH：/usr/local/arm/3.4.1/bin

然后保存退出。

5. 使新的环境变量生效。在终端执行 source /etc/profile，即可立即生效。

6. 检查是否将路径加入 PATH 变量。在终端执行 echo ＄PATH，如果显示的内容中有/usr/local/arm/bin 路径，说明已经将交叉编译器的路径加入 PATH。

7. 执行 arm-linux-gcc-v，查看交叉编译器版本，如图 1 - 3 - 31 所示。

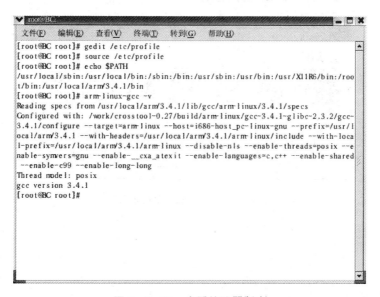

图 1 - 3 - 31　查看编译器版本

由图 1 - 3 - 31 可以看出，安装的交叉编译器版本为 3.4.1，交叉编译器安装成功。

1.3.4　基于 VMWare 虚拟机的交叉编译开发方法

在前面的两节中,介绍了在虚拟机环境下安装 Red Hat 9.0 操作系统,并在其中安装 arm-linux-gcc 3.4.1 交叉编译器的操作方法,本节主要介绍在嵌入式 Linux 环境下进行应用程序的编写及编译的过程、ARM 开发板的使用和开发环境的设置及将已经编译好的文件下载至目标开发板运行的方法。

一、建立开发环境

1. 超级终端的建立

Windows 自带的超级终端是一个通用的串行交互软件。通过超级终端与嵌入式系统交互,使超级终端成为嵌入式操作系统的"显示器"。超级终端的原理并不复杂,它是将用户输入的字符发向串口,但并不显示该字符,显示的是从串口接收到的字符。

超级终端的设置过程如下:

(1) 打开超级终端。在 Windows 操作系统下:【开始】→【所有程序】→【附件】→【通讯】→【超级终端(HyperTerminal)】。

(2) 新建一个通信终端。添上名称,点击【确定】,如图 1-3-32 所示。然后选择 ARM 开发平台实际连接的 PC 机串口(如 COM1),如果要求输入区号、电话号码等信息请随意输入,点击【确定】,如图 1-3-33 所示。

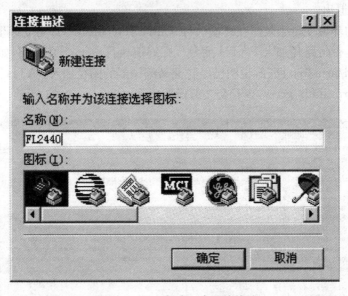

图 1-3-32　新建一个通信终端

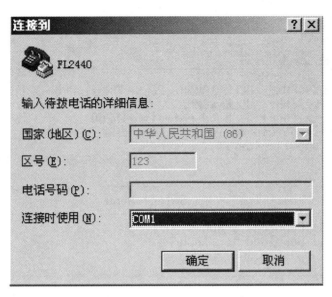

图 1 - 3 - 33　选择连接的串口

（3）配置 COM1 的属性。这里波特率为 115 200，数据位 8，无奇偶校验，停止位 1，无数据流控制，按【确定】完成设置，如图 1 - 3 - 34 所示。

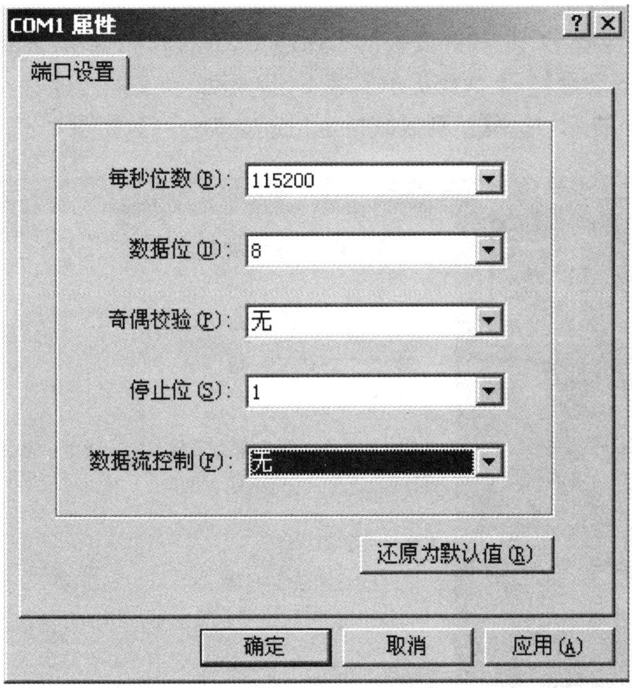

图 1 - 3 - 34　串口属性设置

（4）完成新建超级终端的设置以后，可以选择超级终端文件菜单中的【另存为】，把设置好的超级终端保存在桌面上，以备后用。用串口线将 PC 机和开发板正确连接，并给开发板上电后，就可以在超级终端上看到开发板上程序输出的信息了。如图 1 - 3 - 35 所示。

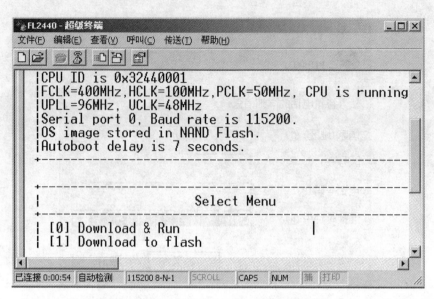

图 1-3-35　超级终端上看到的开发板程序

2. USB 驱动的安装

在 PC 机上安装 USB 驱动,以便应用 DNW 软件通过 USB 向开发板烧写文件。安装 USB 驱动的过程如下:

(1) 用 USB 线将 PC 机和开发板的 USB DEVICE 口相连,开发板上电后,此时 PC 机系统会提示发现新硬件,下面按提示安装 USB 驱动。

(2) 出现以下提示,选择【从列表或指定位置安装……】,如图 1-3-36 所示。

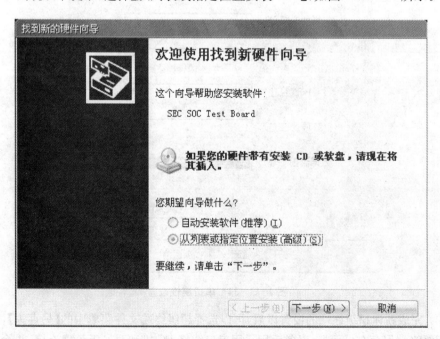

图 1-3-36　硬件安装向导

（3）点击【下一步】，选择 USB 驱动的路径，如在"D:\Embeded system\USB 驱动"，点击【下一步】，如图 1 - 3 - 37 所示。

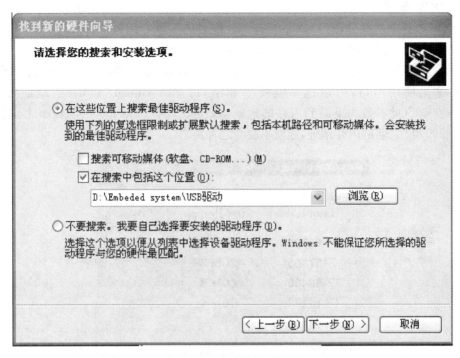

图 1 - 3 - 37　选择安装路径

点击【下一步】，如图 1 - 3 - 38 所示。

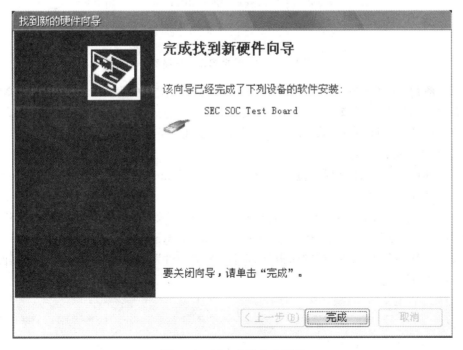

图 1 - 3 - 38　安装完成界面

（4）安装好 USB 驱动后，重启开发板，停在菜单处时，DNW 的标题栏会提示：【USB：OK】。

3. DNW 配置

DNW 软件是三星公司为 S3C2440A 芯片配置的一款专用软件，可以在 Windows 下用串口或 USB 方式来烧写 FLASH。DNW 的配置步骤如下：

（1）打开 DNW. EXE 软件，点击【Configuration】，会弹出如图 1－3－39 所示对话框，如果在这里使用串口，可以选择波特率和串口。"Download Address"地址要选择"0x30800000"（此参数为下载到内存的地址：0x30000000～0x34000000，Boot Loader 用了 0x30200000 之前的内存地址，注意不要与之冲突）。

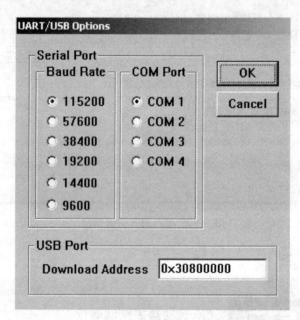

图 1－3－39　选择串口和波特率

（2）将 PC 机和开发板的 USB 口接好，给开发板上电，在 DNW 工具栏的 COM1 后边会跟着显示【USB：OK】，若没有显示可将 USB 重新插拔（前提是 PC 机已安装 USB 驱动程序）。此时就可以利用 boot 程序来进行串口或 USB 下载了。

4. 并口驱动的安装

安装并口驱动，以便顺利使用 JTAG 接口烧写 Boot Loader 到开发板的 Flash 中。安装并口驱动的步骤如下：

（1）将光盘中"FL2440\windows 下驱动\GIVEIO"文件夹中的"GIVEIO. SYS"拷贝到 WINDOWS 的系统驱动目录下（例如：C:\WINNT\system32\drivers"）。

（2）在 WINDOWS 的"控制面板"中选择"添加硬件"，弹出"添加硬件向导"界面，如图 1－3－40 所示。

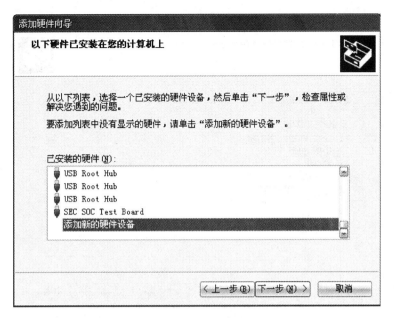

图 1‑3‑40 添加硬件向导

（3）选择"添加新的硬件设备"点击【下一步】，弹出如图 1‑3‑41 界面。

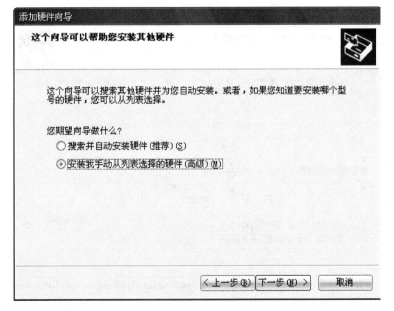

图 1‑3‑41 硬件安装方式的选择

（4）选择"安装我手动从列表选择的硬件"，点击【下一步】，弹出如图 1‑3‑42 界面。

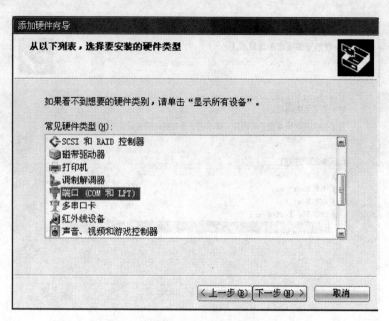

图 1 - 3 - 42 手动安装硬件的类型

（5）选择"端口"，点击【下一步】，弹出如图 1 - 3 - 43 界面。

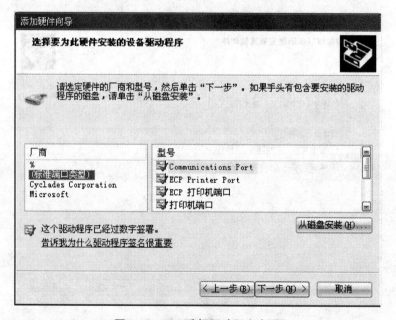

图 1 - 3 - 43 选择驱动程序来源

（6）选择"从磁盘安装"。在"厂商文件复制来源"中选择光盘中 GIVEIO. inf 所在的目录，点击【确定】，接下来的步骤一直选择【下一步】，最后 GIVEIO 将成功安装到系统中，如图 1 - 3 - 44 所示。

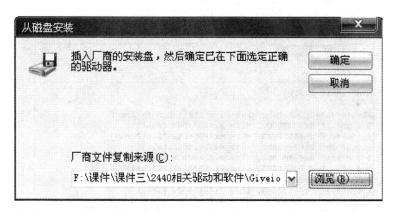

图 1 - 3 - 44　从磁盘安装驱动程序

二、下载目标程序到开发板的方法

在 PC 机上完成程序的交叉编译后,需将文件下载至目标开发板运行,在这部分主要介绍常用的目标程序下载和烧录的方式。

1. 使用 DNW(通过 USB 接口)下载操作系统程序

在完成 USB 驱动的安装及 DNW 配置后,可以使用 DNW 下载程序至开发板。如需要下载的文件为 test. bin,将其下载至开发板 Flash 的"MyApp"分区,并启动运行。其操作步骤如下:

(1) 连接好开发板的电源线、串口线、USB 线,将开发板上电,按任意键使 Boot Loader 停在"Select Menu"下,如图 1 - 3 - 45 所示。

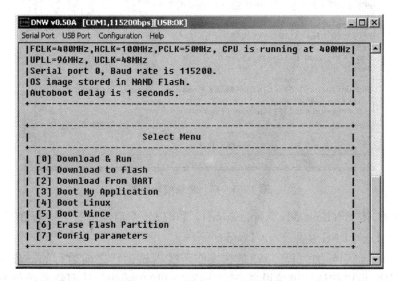

图 1 - 3 - 45　"Select Menu"界面

(2) 选择"1"(不用按回车),然后再选择"3",进入如图 1 - 3 - 46 所示的界面。

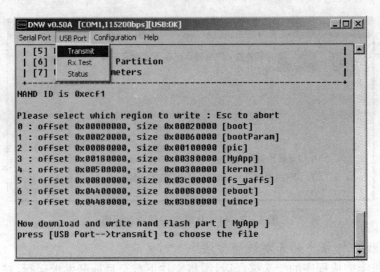

图 1-3-46　下载目标程序到开发板

（3）如图 1-3-46 所示，点击【USB Port】→【Transmit】，选择要下载的文件，烧好后如图1-3-47所示。

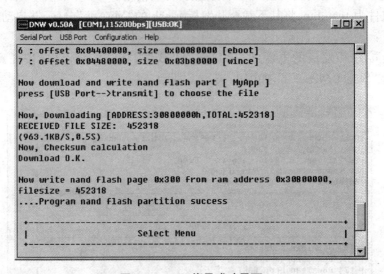

图 1-3-47　烧录成功界面

（4）此时，按"3"(Boot My Application)，就可以正常启动运行 test 程序了。

2. 使用 H-JTAG 烧录 Boot Loader

Boot Loader(引导加载程序)就是在操作系统内核运行之前运行的一段小程序。通过这段小程序，可以初始化硬件设备、建立内存空间的映射图，从而将系统的软硬件环境带到一个合适的状态，以便为最终调用操作系统内核准备好正确的环境。

H-JTAG 烧写 Boot Loader 到 Nand Flash 主要分成以下几个步骤：

（1）连接好 JTAG 线、串口线、USB 线，连接好后给开发板上电。

（2）用户需要打开 H-JTAG 检测 CPU，点击【Operations】→【Detect Target】，若未检测到 CPU，则如图 1-3-48 所示。

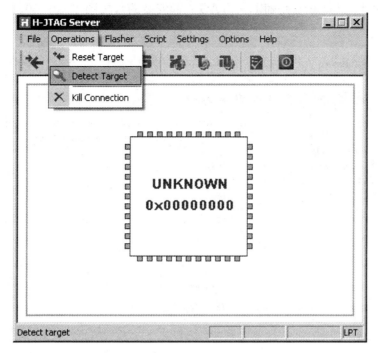

图 1 - 3 - 48 未检测到 CPU 界面

正常检测到 CPU 时,应如图 1 - 3 - 49 所示,检测到之后将其最小化即可,该软件会在 PC 右下角的托盘中。

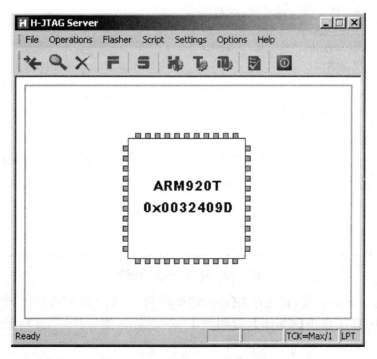

图 1 - 3 - 49 检测到 CPU 界面

（3）打开 H－Flasher(是随 H－JTAG 一起安装的)，按图 1－3－50、1－3－51 进行配置。

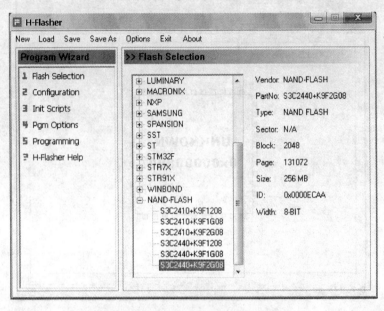

图 1－3－50　选择 Flash 型号界面

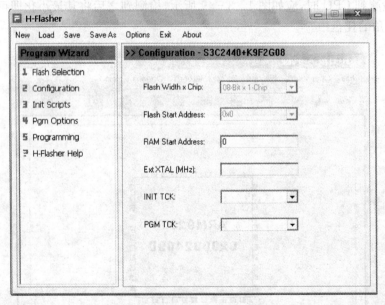

图 1－3－51　Flash 配置界面

在"Programming"页，首先点击【Check】检测 Flash，如果没有检测到，可将开发板重新上电，然后直接点击【Check】，检测到 Flash 之后如图 1－3－52 所示，显示 Flash 型号。

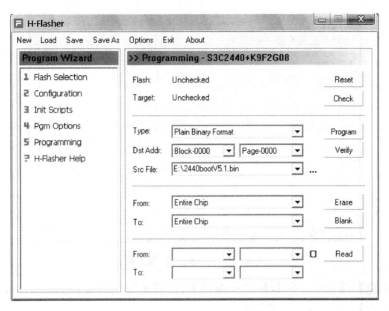

图 1 - 3 - 52　Flash 型号检测界面

在"Src File"项选择找到 Boot Loader"2440boot. bin",最后点击【Program】,如图 1 - 3 - 53所示。

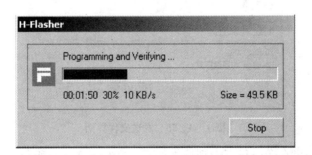

图 1 - 3 - 53　烧写 Boot Loader 进度

(4) 当进度条走完之后,Boot Loader 烧写完毕。此时开发板重新上电就可以启动 Boot Loader 了。注意:在上面点击"Program"之后不要点"Verify"进行校验(校验时提示坏块大于 64 个)。此外,在设置方面,除上述修改之外,其他均使用默认设置。

3. 其他下载方法简介

除了以上两种下载程序至开发板的方法外,还有很多其他的下载方法,在这里只作简要介绍。

(1) 利用串口向开发板传送文件

开发板 Linux 操作系统下使用串口与 PC 之间传送文件需要用超级终端。打开超级终端并配置(前面的内容中介绍了配置方法),开发板上电,启动 Linux 操作系统并进入 Linux 命令行。

在 Linux 命令行下进入要存放文件的目录,如/tmp 目录,如图 1 - 3 - 54 所示。

图 1 - 3 - 54　进入目录界面

点击【传送】→【发送文件】，弹出发送界面，选择要发送的文件，如"D：\arm9\hello"，然后点击【发送】，如图 1 - 3 - 55 所示。

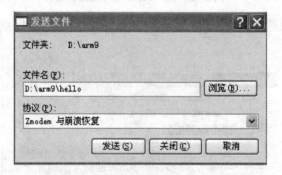

图 1 - 3 - 55　发送文件界面

传送成功后即可在命令行下看到该文件了，如图 1 - 3 - 56 所示：

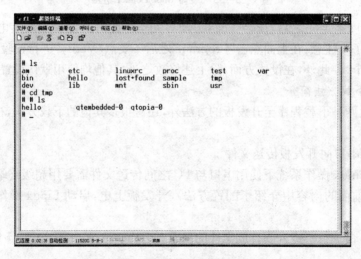

图 1 - 3 - 56　传送成功界面

一般传过来的文件是不可执行的,可以通过以下命令增加运行权限:

chmod ＋x 文件名

注:只读文件夹不能接收 PC 机传过来的文件,一般可传到/tmp 目录下。

(2) 利用 NFS 向开发板传送文件

网络文件系统(NFS)是一种在网络上的机器间共享文件的方法,文件就如同位于客户的本地硬盘驱动器上一样。

首先,在 PC 机上的 Linux 下修改/etc/exports 文件(NFS 服务器的配置文件),在里面写入"/ ＊",然后保存(注意/ ＊之间有空格)。注:"/ ＊"是将根目录下所有文件挂载。

其次,启动 NFS 服务,这样才能够挂载文件。NFS 服务命令如下:

♯ service nfs restart——重启 NFS 服务;

♯ service nfs start——启动 NFS 服务;

♯ service nfs stop——停止 NFS 服务。

启动 NFS 服务完成后就可以挂载了,在不需要的时候也可以停止 NFS 服务。挂载命令如下:

♯ mount 192.168.0.230:/tmp(将 IP 为 192.168.0.230 的 PC 上的文件系统挂载到开发板根目录下的 tmp 下)。

三、嵌入式 Linux 下 C 语言程序的开发

在掌握了常用开发工具的使用及目标文件的下载方法后,本部分将通过一个简单的"hello world!"的例子来详细说明嵌入式 Linux 环境下应用程序的开发过程,包括嵌入式 Linux 环境下源代码编写、编译、链接,应用程序从主机下载到目标机,以及应用程序在目标机下运行的整个过程和步骤。

1. 编写源程序

在 Linux 下的文本编辑器有许多,常用的是 vi 和 gedit 等。编写简单的应用程序,保存为 hello.c。假设当前工作目录为/home/hello,创建源文件方法如图 1-3-57 所示。

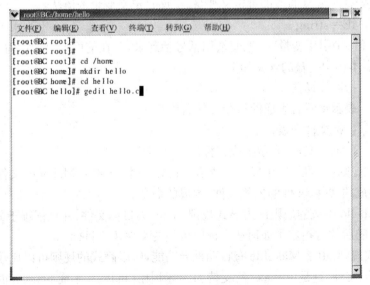

图 1-3-57　创建源文件

实际的 hello.c 源代码较简单,如下:

```
# include <stdio.h>
int main( )
{
    printf(" Hello World! \n");
    return 0;
}
```

2. 编写 Makefile 文件

要使上面的 hello.c 程序能够运行,必须要编写一个 Makefile 文件,Makefile 文件中定义了一系列的规则,它指明了如何编译各个源文件并连接生成可执行文件,并定义了源文件之间的依赖关系。使用 Makefile 的好处就是自动编译,只需要敲一个"make"命令,整个工程就可以实现自动编译,当然本例只有一个文件,它还不能体现出使用 Makefile 的优越性,但当工程比较大、文件比较多时,不使用 Makefile 几乎是不可能的。

Makefile 的编写和 hello.c 类似,用 vi 或 gedit 编写好后同 hello.c 放入同一目录下即可。下面简单介绍本例用到的 Makefile 文件的主要部分。

```
CC= arm-linux-gcc
EXEC = hello
OBJS = hello.o
# A rule for building a object file
$(EXEC): $(OBJS)
    $(CC) -o $@ $(OBJS)
clean:
    rm -f *.o
```

(1) 变量:在 Makefile 中,只要在一行的开始写下这个变量的名字,后面跟一个"="号,以及要设定这个变量的值即可定义变量,下面是定义变量的语法:

VARNAME=string

在 Makefile 中引用变量时,把变量用括号括起来,并在前面加上"$"符号,就可以引用变量的值。本例中变量的含义如下:

CC　　　指明编译器;

EXEC　　表示编译后生成的执行文件名称;

OBJS　　目标文件列表;

$@　　　预定义变量,表示生成目标的完整名称。

(2) 显式规则:说明如何生成一个或多个目标文件,这要由 Makefile 文件的创作者指出,包括要生成的文件、文件的依赖文件、生成的命令。

本例中,hello 生成的规则即为显式规则,hello 为目标文件,并且依赖于 hello.o,中间以":"分隔。随后的行指定了如何从目标所依赖的文件建立目标。

(3) 隐式规则:由于 Makefile 有自动推导功能,所以隐式的规则可以比较粗糙地简略书写 Makefile 文件,这是由 make 所支持的,本例中由 hello.c 生成 hello.o 的规则即为隐式规则,所以省略了。

（4）clean：一般 Makefile 中定义有 clean 目标，用来清除编译过程中的中间文件。

注意："$(CC) −o $@ $(OBJS)"和"rm −f ＊.o"前空白由一个 Tab 制表符生成，不能单纯由空格来代替。

3. 编译应用程序

在上面的步骤完成后，就可以在 hello 目录下运行"make"来编译程序了，如果"make"成功，应在 hello 目录下得到可执行文件 hello。如果源文件进行了修改，那么重新编译则先运行"make clean"，再运行"make"。

4. 下载运行

将可执行文件 hello 放入 Linux 下共享目录，在 Windows 下就可通过超级终端，利用串口从 PC 机发送 hello 至开发板上 Linux 操作系统的目录下，如/tmp 目录，下载方法已在前面介绍过。下载成功后，便可在当前目录下执行"./hello"，即可查看运行结果，如图 1-3-58 所示。

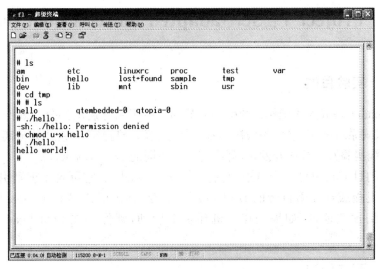

图 1-3-58　运行结果

第二章　基于 ARM 的嵌入式操作系统内核实验项目

2.1　Project 1：Self-adapted built-in boot loader

2.1.1　实验目的

Boot Loader 是嵌入式操作系统引导的基础。由于引导启动部分与硬件系统密切相关,鉴于嵌入式系统的多样化,一般操作系统都把这部分与操作系统主体分离。对于一般的嵌入式系统实验开发板或开发箱,都配有各自不同的 Boot Loader。

本实验的目的是设计一个自适应内嵌式 Boot Loader。它可自动识别引导环境,如果是通过开发板或开发箱自带的 Boot Loader 引导,则内嵌式 Boot Loader 只是简单地将内核拷贝到预定地址;如果是在裸机环境下启动,则像其他 Boot Loader 一样正常引导。

2.1.2　预备知识

一、操作系统引导原理

当系统加电自检通过以后,硬盘被复位,BIOS 将根据用户指定的启动顺序从软盘、硬盘或光驱进行启动。以从硬盘启动为例,系统 BIOS 首先将主引导记录读入内存,并将控制权交给主引导程序;然后检查分区表的状态,寻找活动的分区;最后,由主引导程序将控制权交给活动分区的引导记录,由引导记录加载操作系统。

1. 引导过程的原理

(1)上电

上电是指按下计算机的电源按钮让计算机开始加电运行。这个过程与计算机的硬件电路关系非常密切,因为计算机加电的第一个状态是由硬件电路决定的。加电后第一个状态主要由计算机处理器(CPU)生产商决定,对于 x86 系列的 CPU,一加电就将指令寄存器设置为 0ffff:0000,表示 CPU 开始从 0ffff:0000 这个内存中取出一条指令执行,通常在 0ffff:0000 处设置一条地址跳转指令,转向 BIOS 的入口。由于 BIOS 是固化在内存中的,所以一加电后,CPU 可以直接读取 BIOS 中的指令。

（2）自检

进入 BIOS 后，BIOS 的主要功能包括以下两项：

① 进行计算机自检；

② 加载引导扇区。

BIOS 进行自检的工作主要是检查计算机是否出现异常，是否可以继续运行下去，这一部分与引导过程本身关系不大，它只是引导过程中的一个步骤，BIOS 中与引导关系密切的是上面提到的 BIOS 的第二项功能，即加载引导扇区，这一项工作的主要内容是把磁盘的引导扇区的内容加载到内存中来，并且跳转到引导程序的第一条指令。

BIOS 将所检查磁盘的第一个扇区（512B）载入内存，放在 0x0000:0x7c00 处，如果这个扇区的最后两个字节是"55 AA"，那么这就是一个引导扇区，这个磁盘也就是一块可引导盘。通常这个大小为 512B 的程序就称为引导程序（boot）。如果最后两个字节不是"55 AA"，那么 BIOS 就检查下一个磁盘驱动器。对于 DOS 和 WIN9X 等操作系统而言，分区引导记录将负责读取并执行 IO. sys（Windows9x 的 IO. sys）。

2. 系统引导过程简介

系统引导过程主要由以下几个步骤组成（以硬盘启动为例）。

（1）开机；

（2）BIOS 加电自检（POST—Power On Self Test），内存地址为 0fff:0000；

（3）将硬盘第一个扇区（0 头 0 道 1 扇区，也就是 Boot Sector）读入内存地址 0000:7c00 处；

（4）检查（WORD）0000:7dfe 是否等于 0xAA55，若不等于则转去尝试其他介质；如果没有其他启动介质，则显示"No ROM BASIC"，然后死机；

（5）跳转到 0000:7c00 处执行 MBR 中的程序；

（6）MBR 先将自己复制到 0000:0600 处，然后继续执行；

（7）在主分区表中搜索标志为活动的分区，如果发现没有活动分区或者不止一个活动分区，则停止；

（8）将活动分区的第一个扇区读入内存地址 0000:7c00 处；

（9）检查（WORD）0000:7dfe 是否等于 0xAA55，若不等于则显示"Missing Operating System"，然后停止，或尝试软盘启动；

（10）跳转到 0000:7c00 处继续执行特定系统的启动程序；

（11）启动系统。

以上步骤中（2）、（3）、（4）、（5）步由 BIOS 的引导程序完成；（6）、（7）、（8）、（9）、（10）步由 MBR 中的引导程序完成。

二、硬盘结构及参数

3D 参数（Disk Geometry）：CHS（Cylinder/Head/Sector）。C‐Cylinder 柱面数表示硬盘每面盘片上有几条磁道，最大为 1024（用 10 个二进制位存储）；H‐Head 磁头数表示硬盘总共有几个磁头，也就是几面盘片，最大为 256（用 8 个二进制位存储）；S‐Sector 扇区数表示每条磁道上有几个扇区，最大为 63（用 6 个二进制位存储）。

1. 引导扇区 Boot Sector 组成

Boot Sector 也就是硬盘的第一个扇区，它由 MBR（Master Boot Record）、DPT（Disk Partition Table）和 Boot Record ID 三部分组成。MBR 又称为主引导记录，占用 Boot Sector

的前446个字节(0～0x1BD),存放系统主引导程序(它负责从活动分区中装载并且运行系统引导程序)。DPT即主分区表占用64个字节(0x1BE～0x1FD),记录磁盘的基本分区信息,主分区表分为四个分区项,每项16个字节,分别记录每个主分区的信息(因此最多可以有四个主分区)。Boot Record ID即引导区标记占用2个字节(0x1FE～0x1FF),对于合法引导区,它等于0xAA55(这是判别引导区是否合法的标志)。

Boot Sector具体结构如图2-1-1所示。

图2-1-1 Boot Sector结构图

2. 分区表结构简介

分区表由四个分区项构成,每一项结构如下:

(1) BYTE State:分区状态,0=未激活,0x80=激活(注意此项);

(2) BYTE StartHead:分区起始磁头号;

(3) WORD StartSC:分区起始扇区和柱面号,低字节的低6位为扇区号,高2位为柱面号的第9、10位,高字节为柱面号的低8位;

(4) BYTE Type:分区类型,如0x0B=FAT32,0x83=Linux等,00表示此项未用;

(5) BYTE EndHead:分区结束磁头号;

(6) WORD EndSC:分区结束扇区和柱面号,定义同前;

(7) DWORD Relative:在线性寻址方式下的分区相对扇区地址(对于基本分区即为绝对地址);

(8) DWORD Sectors:分区大小(总扇区数)。

在DOS或Windows系统下,基本分区必须以柱面为单位划分(Sectors * Heads个扇区),如对于CHS为764/256/63的硬盘,分区的最小尺寸为256 * 63 * 512/1 048 576=7.875 MB。由于硬盘的第一个扇区已经被引导扇区占用,所以一般来说,硬盘的第一个磁道(0头0道)的其余62个扇区是不会被分区占用的,某些分区软件甚至将第一个柱面全部空出来。

引导扇区的三大特点:

(1) 引导扇区的大小是512 B,不能多一字节也不能少一字节,因为BIOS只读512 B到内存中去;

(2) 引导扇区的结尾两字节必须是"55 AA",这是引导扇区的标志;

（3）引导扇区总是放在磁盘的第一个扇区上（0 磁头，0 磁道，1 扇区），因为 BIOS 只读第一个扇区。

3. 扩展分区简介

由于主分区表中只能分四个分区，无法满足需求，因此设计了一种扩展分区格式。扩展分区的信息基本上是以链表形式存放的，但也有一些特别的地方。

主分区表中要有一个基本扩展分区项，所有扩展分区都隶属于它，也就是说其他所有扩展分区的空间都必须包括在这个基本扩展分区中。对于 DOS/Windows 来说，扩展分区的类型为 0x05 或 0x0F（＞8 GB）。除基本扩展分区以外的其他所有扩展分区则以链表的形式级联存放，后一个扩展分区的数据项记录在前一个扩展分区的分区表中，但两个扩展分区的空间并不重叠。

扩展分区类似于一个完整的硬盘，必须进一步分区才能使用，但每个扩展分区中只能存在一个其他分区。此分区在 DOS/Windows 环境中即为逻辑盘。因此每一个扩展分区的分区表（同样存储在扩展分区的第一个扇区中）中最多只能有两个分区数据项（包括下一个扩展分区的数据项）。扩展分区和逻辑盘的示意图如图 2-1-2 所示。

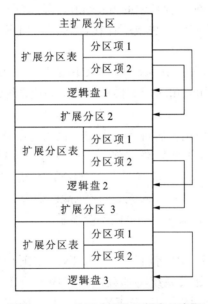

图 2-1-2　扩展分区和逻辑盘示意图

三、常用操作系统的引导技术简介

1. Windows XP 引导过程

Windows XP 在引导过程中将经历预引导、引导和加载内核三个阶段，这与 Windows 9X 直接读取引导扇区的方式来启动系统是完全不一样的，NTLDR 在这三个阶段的引导过程中将起到至关重要的作用。

（1）预引导阶段

在预引导阶段里，计算机所做的工作有：运行 POST 程序，POST 将检测系统的总内存以及其他硬件设备的状况，将磁盘第一个物理扇区加载到内存，加载硬盘主引导记录并运行，主引导记录会查找活动分区的起始位置。接着活动分区的引导扇区被加载并执行，最后从引导扇区加载并初始化 NTLDR 文件。

（2）引导阶段

在引导阶段中，Windows XP 将会依次经历初始引导加载器阶段、操作系统选择阶段、硬件检测阶段以及配置选择阶段这四个小的阶段。

① 在初始引导加载器阶段中，NTLDR 将把计算机的微处理器从实模式转换为 32 位平面内存模式。在实模式中，系统会为 MS-DOS 预留 640 KB 大小的内存空间，其余的内存都被看做是扩展内存，在 32 位平面模式中系统将所有内存都视为可用内存，然后 NTLDR 执行适当的小型文件系统驱动程序，这时 NTLDR 可以识别每一个用 NTFS 或 FAT 格式的文件系统分区，至此初始引导加载器阶段结束。

② 当初始引导加载器阶段结束后将会进入操作系统选择阶段。如果计算机上安装了多个操作系统，由于 NTLDR 加载了正确的 Boot. ini 文件，那么在启动的时候将会出现要求选择操作系统的菜单，NTLDR 正是从 Boot. ini 文件中查找到系统文件的分区位置。如果选择了 NT 系统，那么 NTLDR 将会运行 NTDETECT. COM 文件，否则 NTLDR 将加载 BOOTSECT. DOS，然后将控制权交给 BOOTSECT. DOS。如果 Boot. ini 文件中只有一个操作系统或者其中的 timeout 值为 0，那么将不会出现选择操作系统的菜单画面，如果 Boot. ini 文件非法或不存在，那么 NTLDR 将会尝试从默认系统卷启动系统。

注意：NTLDR 启动后，如果在系统根目录下发现有 Hiberfil. sys 文件且该文件有效，那么 NTLDR 将读取 Hiberfil. sys 文件里的信息并让系统恢复到休眠以前的状态，这时并不处理 Boot. ini 文件。

③ 当操作系统选择阶段结束后将会进入硬件检测阶段，这时 NTDETECT. COM 文件将会收集计算机中硬件信息列表，然后将列表返回到 NTLDR，这样 NTLDR 将把这些硬件信息加载到注册表"HKEY_LOCAL_MACHINE"中的 Hardware 中。

④ 硬件检测阶段结束后将会进入配置选择阶段，如果有多个硬件配置列表，那么将会出现配置文件选择菜单，如果只有一个则不会显示。

（3）加载内核阶段

在加载内核阶段中，NTLDR 将加载 NTOKRNL. EXE 内核程序，然后 NTLDR 将加载硬件抽象层（HAL. dll），接着系统将加载注册表中的"HKEY_LOCAL_MACHINE\System"键值，这时 NTLDR 将读取"HKEY_LOCAL_MACHINE\System\select"键值来决定哪一个 Control Set 将被加载。所加载的 Control Set 将包含设备的驱动程序以及需要加载的服务。再接着 NTLDR 加载注册表"HKEY_LOCAL_MACHINE\System\service"下的 start 键值为 0 的底层设备驱动。当 Control Set 的镜像 Current Control Set 被加载时，NTLDR 将把控制权传递给 NTOSKRNL. EXE，至此引导过程将结束。

2. Linux 系统的启动引导过程

Linux 系统在启动时都是先加电，然后进行硬件检测并引导操作系统的初始化程序，最后操作系统的初始化程序负责读入系统内核并建立系统的运行环境。

（1）加载 BIOS

打开计算机电源，计算机会首先加载 BIOS 信息，BIOS 中包含了 CPU 的相关信息、设备启动顺序信息、硬盘信息、内存信息、时钟信息等。

（2）读取 MBR

硬盘上第 0 磁道第一个扇区被称为 MBR，也就是 Master Boot Record，即主引导记录，它的大小是 512 字节，存放了预启动信息、分区表信息。

系统找到 BIOS 所指定的硬盘的 MBR 后，就会将其复制到 0×7c00 地址所在的物理内存中。实际上，被复制到物理内存的内容就是 Boot Loader，而具体到电脑中就是 Lilo 或者 Grub 了。

（3）Boot Loader

Boot Loader 就是在操作系统内核运行之前运行的一段小程序。通过这段程序，可以初始化硬件设备、建立内存空间的映射图，从而将系统的软硬件环境带到一个合适的状态，以便为最终调用操作系统内核做好一切准备。Boot Loader 有若干种，其中 Grub、Lilo 是常见的 Loader。系统读取内存中的 Grub 配置信息（一般为 menu. lst 或 grub. lst），并依照此配置信息来启动不同的操作系统。

（4）加载内核

根据 Grub 设定的内核映象所在路径，系统读取内存映像，并进行解压缩操作。此时，屏幕一般会输出"Uncompressing Linux"的提示。当解压缩内核完成后，屏幕输出"OK, booting the kernel"。

系统将解压后的内核放置在内存之中，并调用 start_kernel() 函数来启动一系列的初始化函数并初始化各种设备，完成 Linux 核心环境的建立。至此，Linux 内核已经建立起来，基于 Linux 的程序应该可以正常运行。

（5）用户层 init 依据 inittab 文件来设定运行等级

内核被加载后，第一个运行的程序便是/sbin/init，该文件会读取/etc/inittab 文件，并依据此文件来进行初始化工作。

（6）init 进程执行 rc. sysinit

在设定了运行等级后，Linux 系统执行的第一个用户层文件就是/etc/rc. d/rc. sysinit 脚本程序，它设定 PATH、设定网络配置（/etc/sysconfig/network）、启动 swap 分区、设定/proc 等。

（7）启动内核模块

具体是依据/etc/modules. conf 文件或/etc/modules. d 目录下的文件来装载内核模块。

（8）执行不同运行级别的脚本程序

根据运行级别的不同，系统会运行 rc0. d 到 rc6. d 中的相应脚本程序，来完成相应初始化工作和启动相应的服务。

（9）执行/etc/rc. d/rc. local

打开此文件可以看到下面一段话，该段文字即说明了此文件的作用。

♯ This script will be executed ＊after＊ all the other init scripts.

♯ You can put your own initialization stuff in here if you don't

♯ want to do the full Sys V style init stuff.

rc. local 就是在所有初始化工作后，Linux 留给用户进行个性化的地方，用户可以把想设置和启动的东西放到这里。

（10）执行/bin/login 程序，进入登录状态

此时，系统已经进入等待用户输入 username 和 password 状态，用户可以用自己的账

号登入系统。Linux 系统的启动引导过程如图 2-1-3 所示。

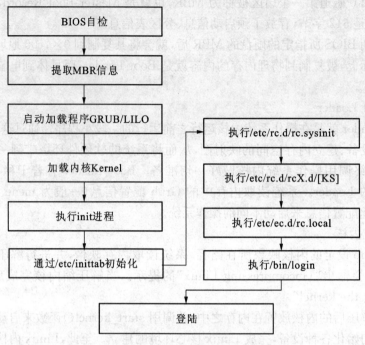

图 2-1-3 Linux 系统的启动引导过程

3. Minix 系统的启动引导过程

Minix 的启动过程分为两步：

第一步,运行 masterboot. s 或者 bootblock. s 中的内容。对于有分区的硬盘,它的第一个扇区是 MBR(Master Boot Record),其中包含有引导代码和分区表。如果硬盘有子分区,则每个子分区的第一个扇区也具有单独的引导代码。此外,引导代码也可以被放到软盘的第一个扇区。masterboot. s 的代码存放在 MBR 中,它适合引导装在不同分区上的 Minix。如果 masterboot. s 被载入到内存的 0x7c00 处,它的任务就是找到引导分区(或软盘),加载其中的第一个扇区中的引导信息。在引导分区(或软盘)的第一个扇区存放有 Minix 的初级引导程序,即 bootblock. s。它也被加载到 0x7c00 位置,它的任务是将 boot monitor(Minix 的次级引导程序,磁盘中的/boot 文件)加载到内存的 0x10000 处,并跳转到 0x10000+0x0030 处执行。

第二步,启动程序 boot monitor,该程序由 boothead. s、bootimage. c、boot. c 和 rawfs. c 等文件连接成。boot monitor 的代码从 boothead. s 开始执行,在进行一些准备工作后程序就跳转到 boot. c 的 boot 函数(boothead. s 的其他代码在后面还将调用),boot 函数会在显示器上打印：

Minix boot monitor 2. 19

Press ESC to enter the monitor

此时可以按 ESC 键进入启动环境,与用户进行交互式操作(在 Minix 中,以 root 身份登入后输入 halt 也可以进入交互界面)。Minix 启动环境的命令包括 boot、exit、menu 等。接下来 boot 函数会调用 execute 函数执行用户输入的命令。比如,如果输入的命令是 help,将会调用 help 函数打印帮助信息。

系统第一次启动时,如果没有任何输入,boot 调用 get_parameters 函数设置 menu 命令,所以在显示器上输出:

Hit a key as follows:

= Start Minix

n Start Networked Minix

用户必须选择一个 Minix 内核,之后 boot 函数会调用 execute 函数执行用户选择的命令。

execute 函数中调用了 bootimage.c 中的 bootminix 函数启动 minix 内核,启动调用过程如图 2-1-4 所示。

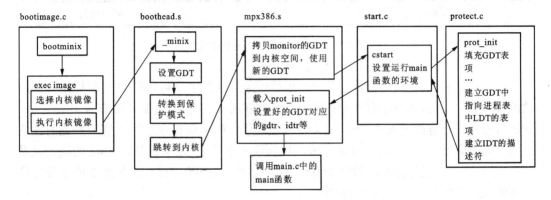

图 2-1-4　操作系统初始化

内核镜像是/minix/2.0.4 文件,mpx386.s 是内核的入口。最后跳转到 main 函数完成初始化,然后开始系统的正常运行。

main 函数的执行过程如下:

(1) 调用 intr_init 完成 8259 中断控制器的初始化;

(2) 调用 mem_init 初始化一个数组,定义系统中所有可用内存块的地址和大小;

(3) 执行函数 mapdrivers,将驱动程序(任务)映射到硬件控制器并更新任务表;

(4) 设置系统任务和服务器进程的进程表项,将各进程使用的内存段的位置、大小及运行特权级设置到适当的域中;

(5) 使用 lock_pick_proc 选择第一个运行的进程,最后使用 restart 开始运行进程。

四、ARM 平台通过 Nand Flash 引导操作系统的基本原理

嵌入式操作系统的存储介质主要采用 Nor Flash 或 Nand Flash,其中 Nand Flash 具有成本低、容量大、编程和擦除速度快等特点,在嵌入式系统中得到越来越广泛的应用。硬件平台的 CPU 是三星公司生产的 S3C2440X,是 ARM920T 内核,在片内集成了很多外围接口,如 LCD 控制器、串行接口、I²C 总线、PWM 接口和 JTAG 接口等。S3C2440X 支持从 Nand Flash 启动,SDRAM 运行,这样的组合,获得非常高的性价比。用户可以将引导代码和操作系统镜像存放在外部的 Nand Flash 中,并从 Nand Flash 启动。当处理器在这种启动模式下复位时,内置的 Nand Flash 将访问控制接口,并将位于 0 地址的 4 KB启动代码自动加载到内部 SRAM(此时该段 SRAM 定位于起始地址空间 0x00000000,容量为 4 KB)并且运行。之后,SRAM 中的引导程序,即 Boot Loader 将操

作系统镜像加载到 SDRAM 中,然后跳转到起始位置,操作系统就能够在 SDRAM 中运行。启动完毕后,4 KB 的启动 SRAM 就可以用于其他用途。SDRAM 容量为 64 MB,起始地址 0x30000000,存储器空间分配如图 2-1-5 所示。

Nand Flash 中代码位置

Block 0	Block 1~Block 500
Boot Loader	用户程序 0

RAM 中代码位置

0x00000000　　　　　　　　0x00001000　　　　　　　　0x30200000

Boot Loader		用户程序

图 2-1-5　存储器空间分配示意图

五、Boot Loader 的基本原理与结构

　　Boot Loader 的主要运行任务就是将内核映象从硬盘上读到 RAM 中,然后跳转到内核的入口点去运行,即开始启动操作系统。而在嵌入式系统中,通常并没有像 BIOS 那样的固件程序(注:有的嵌入式 CPU 也会内嵌一段短小的启动程序),因此整个系统的加载启动任务就完全由 Boot Loader 来完成。比如在一个基于 ARM7TDMI core 的嵌入式系统中,系统在上电或复位时通常都从地址 0x00000000 处开始执行,而在这个地址处安排的通常就是系统的 Boot Loader 程序。

　　通常,Boot Loader 是严重依赖于硬件而实现的,特别是在嵌入式世界里。因此,在嵌入式世界里建立一个通用的 Boot Loader 几乎是不可能的。尽管如此,我们仍然可以对 Boot Loader 归纳出一些通用的概念来,以指导用户进行特定的 Boot Loader 设计与实现。

　　1. Boot Loader 所支持的 CPU 和嵌入式板

　　每种不同的 CPU 体系结构都有不同的 Boot Loader,有些 Boot Loader 也支持多种体系结构的 CPU,比如 U-Boot 就同时支持 ARM 体系结构和 MIPS 体系结构。除了依赖于 CPU 的体系结构外,Boot Loader 实际上也依赖于具体的嵌入式板级设备的配置。这也就是说,对于两块不同的嵌入式板而言,即使它们是基于同一种 CPU 而构建的,要想让运行在一块板子上的 Boot Loader 程序也能运行在另一块板子上,通常也都需要修改 Boot Loader 的源程序。

　　2. Boot Loader 的安装媒介(Installation Medium)

　　系统加电或复位后,所有的 CPU 通常都从某个由 CPU 制造商预先安排的地址上取指令。比如,基于 ARM7TDMI core 的 CPU 在复位时通常都从地址 0x00000000 取它的第一条指令。而基于 CPU 构建的嵌入式系统通常都有某种类型的固态存储设备(比如:ROM、EEPROM 或 FLASH 等)被映射到这个预先安排的地址上。因此在系统加电后,CPU 将首先执行 Boot Loader 程序。

　　通常多阶段的 Boot Loader 能提供更为复杂的功能,以及更好的可移植性。从固态存储设备上启动的 Boot Loader 大多都是 2 阶段的启动过程,即启动过程可以分为 Stage1 和 Stage2 两部分,如图 2-1-6 所示。

Boot Loader 的 Stage1 通常包括以下步骤(以执行的先后顺序):

- 硬件设备初始化;
- 为加载 Boot Loader 的 Stage2 准备 RAM 空间;
- 拷贝 Boot Loader 的 Stage2 到 RAM 空间中;
- 设置好堆栈;
- 跳转到 Stage2 的 C 入口点。

Boot Loader 的 Stage2 通常包括以下步骤(以执行的先后顺序):

- 初始化本阶段要使用到的硬件设备;
- 检测系统内存映射(Memory Map);
- 将 Kernel 映像和根文件系统映像从 Flash 上读到 RAM 空间中;
- 为内核设置启动参数;
- 调用内核。

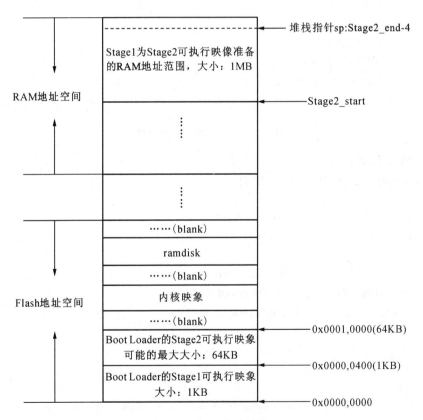

图 2 - 1 - 6　启动过程

2.1.3　实验步骤

本实验实际上是整个操作系统内核的内存映像框架,主要包括以下几个方面(实验步骤也按这个顺序设计):

(1) 定义异常处理向量表;

(2) 硬件初始化,主要是看门狗(Watch dog)、内存及时钟的初始化;

（3）设置各模式下的堆栈地址；

（4）实现自适应引导；

（5）初始化程序数据区；

（6）调用内核子程序。

2.1.4　关键代码分析

一、定义异常处理向量表

根据 ARM 体系结构要求，内存镜像的最低 8 个字作为异常处理向量表（Execption Vectors），这 8 个异常处理分别为复位、未定义异常、软件中断、预取指异常、数据异常、保留、中断请求、快速中断，代码如图 2-1-7 所示。

```
b  hISR_RESET
b  .   @ hISR_UNDEF
b  .   @ hISR_SWI
b  .   @ hISR_PABORT
b  .   @ hISR_DABORT
b  .   @ handler Reserved
b  .   @ hISR_IRQ
```

图 2-1-7　异常处理向量表

二、硬件初始化

硬件初始化代码如图 2-1-8 所示。

```
    mov r0, #WTCON      @ watch dog disable
    ldr  r1, =0x0
    str  r1, [r0]
    adr  r0, _mrdata       @ Set memory control registers
    mov r1, #BWSCON        @ BWSCON Address
    add  r2, r0, #52      @ End address of _mrdata
1:  ldr  r3, [r0], #4
    str  r3, [r1], #4
    cmp r2, r0
    bne  1b
@ ================================================
_mrdata:. long 0x22111110;     @ BWSCON
    . long 0x00000700;        @ BANKCON0
    . long 0x00000700;        @ BANKCON1
    . long 0x00000700;        @ BANKCON2
    . long 0x00000700;        @ BANKCON3
    . long 0x00000700;        @ BANKCON4
    . long 0x00000700;        @ BANKCON5
```

```
. long 0x00018005；          @ BANKCON6
. long 0x00018005；          @ BANKCON7
. long 0x008e04eb；          @ REFRESH
. long 0x000000b2；          @ BANKSIZE
. long 0x00000030；          @ MRSRB6
. long 0x00000030；          @ MRSRB7
```

图 2 - 1 - 8　硬件初始化

三、设置中断向量

ARM 系统在不同工作模式下要求使用各自不同的堆栈，所以下一步的任务是设置堆栈地址，如图 2 - 1 - 9 所示。

```
msr cpsr_c，♯UND_Mode | NOINT
ldr    sp，＝UND_Stack          @ Undef mode
msr cpsr_c，♯ABT_Mode | NOINT
ldr    sp，＝ABT_Stack          @ Abort mode
msr cpsr_c，♯IRQ_Mode | NOINT
ldr    sp，＝IRQ_Stack          @ IRQMode
msr cpsr_c，♯FIQ_Mode | NOINT
ldr    sp，＝FIQ_Stack          @ FIQMode
msr cpsr_c，♯SVC_Mode | NOINT
ldr    sp，＝SVC_Stack          @ SVCMode
msr cpsr_c，♯SYS_Mode
ldr    sp，＝SYS_Stack          @ SVCMode
```

图 2 - 1 - 9　设置中断地址

四、实现自适应引导

程序的关键是如何确定启动地址。boot_start 是由链接程序所确定的启动地址，如果在 ldr 指令中引用_start，实际上引用的就是 boot_start。然而在 adr 指令中引用_start，则引用的是程序启动时的物理地址，这样就可以知道程序是从裸机启动(_start 的值为 0)，还是从另外的 Boot Loader 启动(一般此时的_start 值大于或等于 0x30000000)。如图 2 - 1 - 10 所示。

```
ldr  r0，＝_boot_start     @ argument 1
adr  r1，_start
ldr  r2，＝_boot_size      @ argument 3
bl   code_move           @ copy the code from steppingstone
adr  r1，_start
ldr   pc，＝on_sdram       @ jump into SDRAM
on_sdram：
```

图 2 - 1 - 10　自适应引导

五、初始化数据区

初始化数据区代码如图 2 - 1 - 11 所示。

```
init_zero:
    ldr  r3, =_fbss
    ldr  r1, =_fbssend      @ Top of zero init segment
    mov r2, #0
1:  cmp r3, r1              @ Zero init
    strcc r2, [r3], #4
    bcc  1b
    mov pc,lr
```

图 2 - 1 - 11　初始化数据区

2. 2　Project 2：UART and formatted display

2.2.1　实验目的

与通用计算机系统不同,一般的嵌入式系统都没有自己独立的输入输出设备,如键盘、屏幕等。为了能够调试、控制嵌入式系统,常用的方法是将嵌入式系统主机通过串行通信端口与开发系统主机连接起来,系统主机上使用超级终端与嵌入式系统进行交互。

因此,对串口编程连接系统主机超级终端是本实验的主要目的。另外,由于不能直接使用 Linux 操作系统的 C 函数库,为了后续开发的方便,还要设计格式化输出函数,vsprintf()、sprintf()和 uart_printf()。

2.2.2　预备知识

一、串口通信基本原理

串口通信的概念非常简单,串口按位(bit)发送和接收字节。尽管比按字节(byte)的并行通信慢,但是串口可以在使用一根线发送数据的同时用另一根线接收数据。它很简单并且能够实现远距离通信。比如 IEEE488 定义并行通行状态时,规定设备线总长不得超过 20 米,并且任意两个设备间的长度不得超过 2 米;而对于串口而言,长度可达1 200 米。

串行端口的本质功能是作为 CPU 和串行设备间的编码转换器。当数据从 CPU 经过串行端口发送出去时,字节数据转换为串行的位。在接收数据时,串行的位被转换为字节数据。

1. 通信方式

在通信过程中,如果通信仅在点对点之间进行,或者点对多点之间进行,那么,按消息传输的方向和时间的不同,可以将通信分为单工通信、全双工通信以及半双工通信。

(1) 单工通信

消息只能单方向进行传输的一种通信方式称为单工通信。如图 2 - 2 - 1 所示,通信只能从 A 传输到 B。这好比一条绝对方向的单行道路,不准双向通信也不能逆向行驶。

在现代通信系统中,如模拟广播电视系统(不包括现正在研究应用的 HFC 双向网络)、无线寻呼系统等都是此种通信方式,信号只能从广播电视台、无线寻呼中心发送到电视机接收机、BB 机上。

图 2 - 2 - 1　单工通信方式

（2）全双工通信

全双工通信是指通信双方可以同时进行双向数据传输而互不影响的工作方式。如图2 - 2 - 2 所示,在这种工作方式下,通信双方都可以同时进行信息的发送和接收,因此,全双工通信的信道必须是双向信道。如果是有线的全双工方式,通信双方会有两根独立的信号线分别传输发送信号和接收信号,从而使得发送和接收可同时进行。生活中的普通电话系统、移动通信系统都是全双工方式。

图 2 - 2 - 2　全双工通信方式

（3）半双工通信

这种方式允许数据传输做双向操作,即不仅可以发送,亦可以接收信号,但是,在同一时刻,只能进行发送和接收任意一个操作,因此仍然只采用一个信道。如图 2 - 2 - 3 所示,如果是有线通信,通信双方只需要一根数据线连接,但是比全双工方式耗时会更多。如对讲机系统就是采用的半双工通信方式。

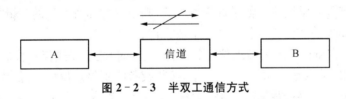

图 2 - 2 - 3　半双工通信方式

2. 串行异步通信与串行同步通信

在通信过程中,发送方和接收方每次都只发送和接收一位数据的通信方式称为串行通信方式。也就是说,在任意一个时刻,数据线上仅有一位数据。在传输数据过程中,双方需要协商时钟信号,即规定什么时候发送数据和接收数据,以及每位数据所占用的时间宽度。根据双方接收和发送数据所采用的时钟信号是否是同一个时钟源而分为串行异步通信方式和串行同步通信方式。串行异步通信方式中,通信双方采用自己的时钟信号,根据信号的起始位等判断信息,因此接收和发送仅需要两根信号线分别用来传送和接收信号。而串行同步通信方式中,由通信双方的一方(或者另外设备)提供统一的时钟信号,在一定程度上提高通信速率,但这种通信方式需要额外的时钟信号线。另外,这种通信方式不适合远距离传输,因为远距离会使时钟信号受到干扰,出现误码等现象。

（1）串行异步通信方式

在异步传输模式下，传输数据以字符为单位，数据传输速率多在 1.2 Kbit/s 以下。当发送一个字符代码时，字符前面要加一个起始信号，其长度为一个码元，极性为"0"，即空号极性；字符后面要加一个终止符号，其长度为 1～2 个码元，极性为"1"，即传号极性。加上起始终止信号后，即可区分出所传输的字符。传送时，字符可以连续发送，也可以单独发送，不发字符时线路保持"1"状态，如图 2-2-4 所示为起止式同步传输序列，每个字符由 8 bit 组成，加上起止位，信号共 11 位，两字符之间的间隔长度可以不固定。实现起来比较简单。

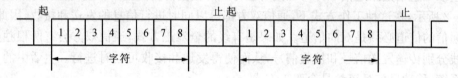

图 2-2-4　异步传输模式帧格式

异步串行通信协议规定字符数据的传输规范总结起来有以下几点：

① 起始位：通信线上没有数据被传送时处于逻辑"1"状态，当发送设备要发送一个字符数据时，首选发送一个逻辑"0"信号，这个逻辑低电平就是起始位。起始位通过通信线传向接收机，接收设备检测到低电平后，就开始准备接收数据位信号。起始位所起的作用就是使设备同步，通信双方必须在传送数据位前一致同步。

② 数据位：当接收设备收到起始位后，开始接收数据位。数据位的个数可以是 5～9 位，PC 机中经常采用 7～8 位数据传送。在字符传送过程中，数据位从最低有效位开始传送，依次在接收设备中被转换为并行数据。

③ 奇偶校验位：数据位发送完后，为了保证数据的可靠性传输，常传送奇偶校验位。奇偶校验用于有限差错检测。如果选择偶校验，则数据位和奇偶位的逻辑"1"的个数必须为偶数，相反，如果是奇校验，逻辑"1"的个数为奇数。

④ 停止位：在奇偶位或者数据位（当无奇偶校验时）之后发送停止位。停止位是一个字符数据的结束，可以是 1～2 位的低电平，接收设备收到停止位后，通信线路便恢复逻辑"1"状态，直到下一个字符数据的起始位到来。

⑤ 波特率设置：通信线路上传送的所有位信号都保持一致的信号持续时间，每一位的宽度都由数据的码元传送速率确定，而码元速率是单位时间内传送的码元的个数，即波特率。

（2）串行同步通信方式

在同步通信中，通信双方使用同一个时钟源，这个时钟信号可以由通信方式的一方提供或者由第三方提供。其时序图如图 2-2-5 所示，所有要传输的数据都需要与此时钟信号同步，即每个传输的数据所占用的时间宽度都需要与一个时钟变换所用时间相等。即数据在时钟跳变（上升沿和下降沿）后一段时间内有效。相应的，接收方根据时钟跳变来确定何时接收一位数据。同步传输使用不同的方式来表示一次传输的开始和结束。

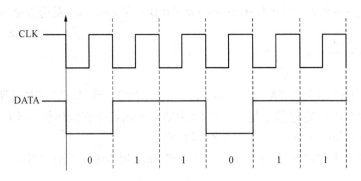

图 2 - 2 - 5　串行同步通信方式

二、ARM 串口通信基本原理及编程

基于 ARM9 内核架构的嵌入式处理器的 S3C2440 的 UART（Universal Asynchronous Receiver and Transmitter）单元拥有 3 个 SIO（Serial I/O），每个单元都可以工作在中断模式以及 DMA（Direct Memory Access）模式。UART 最大速率可以达到 230.4 Kbit/s。如果外部设备提供一个时钟信号，其可以以更新的通信速率工作。每个 UART 通道都包含两个 16 bit 的 FIFO 来接收和发送数据。

S3C2440 处理器的 UART 支持可编程波特率、IR（infra-red）传输、1～2 位停止位、5～8位数据宽度，同时支持奇偶校验。

S3C2440 芯片 UART 结构图如图 2 - 2 - 6 所示。

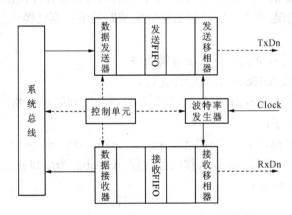

图 2 - 2 - 6　S3C2440 芯片 UART 结构图

1. 数据发送

S3C2440 芯片 UART 支持可编程数据传输帧格式。在数据帧中包含起止位、5～8位数据位、一位奇偶校验位以及 1～2 位停止位。具体设置可以在控制寄存器（ULCONn）设置。同时，传输装置支持中断方式，即在传输的时候强制输出逻辑 0 中断信号。此中断信号在完成一个字符传输后传输，之后传输器继续传输数据至 Tx FIFO。发送字符测试程序：

```
#define WrUTXH0(ch) (*(volatile unsigned char *) UTXH0)＝(unsigned char)(ch)
#define WrUTXH1(ch) (*(volatile unsigned char *) UTXH1)＝(unsigned char)(ch)
```

```
void Uart_SendByten(int Uartnum，U8 data)//向 uartnum 发送数据 data
{                                         // #define U8 unsigned char
    if(Uartnum==0)
    {
        while(! (UTRSTAT 0 & 0x4));      // UART0 Tx/Rx 状态寄存器,其第 2 位标
识传输 buffer 寄存器//是否为空(0 为空),发送数据直到传输 buffer 寄存器为空
        hudelay(10);               //等待 10 ms
        WrUTXH0(data);               //发送 data 到传输 UTXH0 中
    }
    else                          //否则选用 UART1
    {
        while(! (rUTRSTAT1 & 0x4));
        hudelay(10);
        WrUTXH1(data);
    }
}
```

2. 数据接收

同理,接收器亦支持可编程方式,同样包含起止位、5～8 位数据位、一位奇偶校验位以及 1～2 位停止位,具体设置可以在控制寄存器(ULCONn)设置。接收器亦可以探测到数据溢出错误、奇偶校验错误、帧错误以及中断信号,并且每种情况都可置相应的错误标志。

(1) 数据溢出错误:在上一字符没有接收完成时新的数据已经到达,从而覆盖了原来的数据;

(2) 奇偶校验错误:奇偶位不满足奇偶条件;

(3) 帧错误:接收数据没有有效的停止位;

(4) 中断信号:RxDn 输出持续逻辑"0"信号(持续时间超过一帧)。

接收字符测试程序:

```
char Uart_Getchn(char * Revdata, int Uartnum, int timeout)
{                // Revdata 为接收的数据,uartnum 为串口标志,timeout 为超时
    if(Uartnum==0)
    {
        while(! (UTRSTAT 0 & 0x1));//UART0 Tx/Rx 状态寄存器的第 0 位标志接收
                              //buffer 数据是否准备好。1=有接收数据
        * Revdata=URXH0();        // URXH0:UART0 的接收缓冲寄存器
        return 1;
    }
    else                  //如果从 UART1 接收数据
    {
        while(! (rUTRSTAT1 & 0x1));//Receive data read
        * Revdata=RdURXH1();
```

```
        return TRUE;
    }
}
```

2.2.3　实验步骤

(1) 设计 UART 初始化程序；
(2) 设计 UART 基本输入输出程序；
(3) 设计 vsprintf()；
(4) 设计 sprintf()和 uart_printf()。

2.2.4　关键代码分析

一、UART 初始化

由于 UART 共有 3 个端口,对应 3 组寄存器地址,为便于程序设计,定义了一个结构体,其成员为 1 个端口的所有寄存器地址。这样只要改变结构体指针的地址,就可以通过结构体访问不同的 UART 端口。该结构体定义如图 2-2-7 所示。

```
typedef struct uart {
    u32 rULCON, rUCON, rUFCON, rUMCON;
    u32 rUTRSTAT, rUERSTAT, rUFSTAT, rUMSTAT;
    u32 rUTXH, rURXH, rUBRDIV;
} S_UART;
```

图 2-2-7　UART 结构体定义

UART 初始化程序如图 2-2-8 所示。将 UART 设置为 FIFO 方式,无奇偶校验,一个停止位,8 位传输,波特率为 11 520。

```
void uart_init(void)
{
    p_uart[wUart]->rUFCON = (3<<6)|(3<<4)|(1<<2)|(1<<1)|(1<<0); //UART 0
FIFO control register
    p_uart[wUart]->rUMCON = 0;
    p_uart[wUart]->rULCON = 0x3; //Line control register : Normal, No parity, 1 stop, 8
bits
    p_uart[wUart]->rUCON= 0x245; // Control register
    p_uart[wUart]->rUBRDIV = ( (int)(PCLK/16./UART_BPS+0.5) -1 ); // Baud rate
divisior register 0
    hudelay(0);
}
```

图 2-2-8　UART 初始化程序

二、UART 基本输入输出程序

这部分的核心是字符输入与输出,在此基础上设计字符串的输出。

UART 输入函数程序如图 2-2-9 所示。其中函数 uart_getchar()等待用户从开发主机键盘上的按键,而函数 uart_getch()则不等待,也就是说,如果键盘有按键,则获取该键值,否则返回 0 值表示没有按键。

```
char uart_getchar(void)
{
    while (! (p_uart[wUart]->rUFSTAT & UFSTAT_RX_MASK)); //Receive data ready
    return p_uart[wUart]->rURXH;
}


char uart_getch(char * pch)
{
    if (p_uart[wUart]->rUFSTAT & UFSTAT_RX_MASK) {
        * pch = p_uart[wUart]->rURXH;
        return 1;
    }
    return 0;
}
```

图 2 - 2 - 9 UART 输入函数

UART 的输出函数程序如图 2 - 2 - 10 所示。其中 uart_putch() 用来输出一个字符,uart_putchar()与前者类似,不同的是输出换行符("\n")时先输出一个回车符("\r"),uart_putchar()则用来输出一个字符串。

```
void uart_putch(char ch)
{
    while (p_uart[wUart]->rUFSTAT & UFSTAT_TX_FULL); //Wait until THR is empty.
    hudelay(5);
    p_uart[wUart]->rUTXH = ch;
}


void uart_putchar(char ch)
{
    if (ch == '\n')
        uart_putch('\r');
    uart_putch(ch);
}


void uart_puts(char * str)
{
    while ( * str)
        uart_putchar( * str++);
}
```

图 2 - 2 - 10 UART 输出函数

三、vsprintf()函数

vsprintf()函数是格式化输出的基础函数，C 语言程序设计中的 print()函数就是调用该函数实现格式化输出的。

为实现 vsprintf()，需要两个辅助函数，一个是将标志字符串中的宽度字符串转换成数值的函数 a2w()，另一个是将数值转换成不同进位制表示的字符串 n2a()。实现这两个函数有很多方法，本教程所给出的是作者精心设计的版本，代码紧凑、简洁。这两个程序代码如图 2-2-11 所示。

```
static char * a2w(char * s, int * w)
{
    for ( * w = 0; * s >= '0' && * s <= '9'; * w = * w * 10 + (( * s ++) - '0'));
    return s;
}


static void n2a(char * buff, unsigned i, unsigned base, char a)
{
    char ch, * p = buff;
    while ( * p ++ = (ch=(i%base)) + (ch > 9 ? (0x37 + a) : 0x30), i/=base);
    for ( * p -- = '\0'; buff < p; ch = * buff, * buff ++ = * p, * p -- = ch);
}
```

图 2-2-11　函数 a2w()和 n2a()的代码

```
/* ==========================================
 * format: %[-][width][.precision][type], type: d,u,b,o,x,X,c,s
 * ========================================== */
int vsprintf(char * buff, const char * fmt, va_list args)
{
    int i, width, prec, preclen, len;
    char str[12], * p = buff, * fptr, * sptr, ch, right, pad, sign;
    while ((ch = * fmt ++)) {
        if (ch ! = '%') {
            * p ++ = ch;
            continue;
        }
        if ( * fmt == '%') {
            * p ++ = * fmt ++;
            continue;
        }
        fptr = (char * )fmt;
        if ( * fptr == '-') {
            right = 0;
            ++ fptr;
```

```
    } else {
        right = 1;
    }
    if ( * fptr == '0') {
        pad = right ? '0' : ' ';
        ++ fptr;
    } else {
        pad=' ';
    }
    if ((i = a2w(fptr, &width) — fptr) >= 0)
        fptr += i;
    else
        continue;
    if ( * fptr == '.') {
        if ((preclen = a2w(++fptr, &prec) — fptr) >= 0)
            fptr += preclen;
        else continue;
    } else {
        preclen = 0;
    }
```

图 2-2-12　函数 vsprintf() 的代码(一)

```
    sptr = str;
    ch = * fptr ++;
    i = * (unsigned *)args;
    args += ALEN;
    sign = (ch == 'd' && i < 0) ? 1 : 0;
    if (ch == 'd') {
        n2a(str, sign ? —i : i, 10, 0);
    } else if (ch == 'u' || ch == 'b' || ch == 'o') {
        n2a(str, i, (ch == 'b') ? 2 : ((ch == 'o') ? 8 : 10), 0);
    } else if (ch == 'x' || ch == 'X') {
        n2a(str, i, 16, (char)(ch & 0x20));
    } else if (ch =='c') {
        str[0] = i, str[1] = '\0';
    } else if (ch == 's') {
        sptr = (char *)i;
    } else {
        continue;
    }
    fmt = fptr;
    for (len = —1; sptr[++len]; );
```

```
        if ((ch == 's') && (len>prec) && (preclen>0))
            len = prec;
        if (sign)
            * p ++ = '—';
        if (right)
            for (; (width ——) — len > 0; * p ++ = pad);
        for (; len > 0; * p ++ = * sptr ++, len ——, width ——);
        if (! right)
            for (; (width ——) — len > 0; * p ++ = pad);
    }
    * p = '\0';
    return p — buff;
}
```

图 2 - 2 - 13　函数 vsprintf() 的代码（二）

图 2 - 2 - 12、2 - 2 - 13 是 vsprintf() 的代码。该函数从头至尾扫描标志字符串，依次处理由"%"引导的格式输出。本教程所设计的 vsprintf() 函数可实现对整数、字符及字符串的各种格式化输出，包括整数（%d）、无符号整数（%u）、二进制数（%b）、八进制数（%o）、十六进制小写（%x）、十六进制大写（%X）、字符（%c）、字符串（%s）；还可实现"m. n"格式的宽度控制输出。

四、sprintf() 和 uart_printf()

这两个函数调用 vsprintf()，是典型的 C 语言风格的可变参数函数，它们的函数原型分别为：

int sprintf(char * buff, const char * fmt, ...);

void uart_printf(char * fmt,...)

其中"..."表示后边的参数个数及类型是可变的。两个函数的代码如图 2 - 2 - 14 所示。

```
int sprintf(char * buff, const char * fmt, ...)
{
    va_list ap = (va_list)((char *)(&fmt) + 4);
    return vsprintf(buff, fmt, ap);
}


void uart_printf(char * fmt,...)
{
    va_list ap = (va_list)((char *)(&fmt) + 4);
    char buff[256];
    vsprintf(buff, fmt, ap);
    uart_puts(str);
}
```

图 2 - 2 - 14　函数 sprintf() 及 uart_printf() 的代码

图中类型关键字"va_list"本质上就是"char *",因为所有参数都存放在堆栈,而参数fmt 的位置已知,所以通过它就可找到可变参数的第一个,进而找到第二个、第三个(如果有的话)。如果把在堆栈区连续存放的可变参数看作是一个指针数组的话,则 ap 就是这个指针数组的首地址。把缓冲区地址、格式串地址、可变参数(指针数组)首地址作为参数调用函数 vsprintf()。该函数就会根据格式串的要求,在可变参数指针数组中找到对应的指针,把指针指向的内容按要求格式化成字符串,依次放到缓冲区中。

2.3 Project 3：MMU and hardware interrupt

2.3.1 实验目的

MMU(Memory Management Unit,内存管理单元)是嵌入式操作系统的一个重要的硬件基础,没有 MMU,就无法实现真正的多进程。本教程实现的内核本质上只有一个进程,所以 MMU 不是必需的。但 MMU 作为重要的硬件部件,有必要了解其基本原理与编程方法。为此本实验中使用 MMU,利用其内存映射功能实现高端中断向量。

硬件中断,尤其是时钟中断,是计算机操作系统内部任务调度的基础。本实验另一个目的是实现定时器编程,实现定时器中断控制与管理。

2.3.2 预备知识

一、内存管理单元 MMU 的基本原理

嵌入式系统中,存储系统差别很大,可包含多种类型的存储器件,如 FLASH、SRAM、SDRAM、ROM 等,这些不同类型的存储器件速度和宽度等各不相同;在访问存储单元时,可能采取平板式的地址映射机制对其操作,或需要使用虚拟地址对其进行读写;系统中,需引入存储保护机制,增强系统的安全性。为适应如此复杂的存储体系要求,ARM 处理器中引入了存储管理单元来管理存储系统。

1. 内存管理单元(MMU)概述

内存管理单元(MMU)代表集成在 CPU 内部的一个硬件逻辑单元,主要作用是给CPU 提供从虚拟地址向物理地址转换的功能,从硬件上给软件提供一种内存保护的机制。内存映射不是调用一个函数,然后读取返回值,而是 CPU 通过 MMU 把一条指令中要访问的地址转换为物理地址,然后发送到总线上的过程。

当操作系统还是以单任务方式运行的年代,MMU 并没有它存在的意义,程序可以直接控制所有的内存,而不必担心会遭到其他程序的破坏。但是当操作系统开始支持多任务后,由于多个进程并行执行,并且各进程之间的资源都是相互独立的,那么通过什么手段可以有效地保护各个进程的资源不会被其他进程破坏呢? 一种方法是可以通过使用系统软件直接划分好各进程的地址空间,但因为各进程仍然有跨界操作的权限,即便在正常执行时进程间彼此不会相互干扰,但也无法避免进程在出现异常时会操作到其他进程的地址空间。更安全的方法是从硬件上提供一种机制,彻底限制某个进程对其他进程资源的访问权限。于是内存保护单元(MMU)应运而生,MMU 能够很好地起到内存保护的作用。

　　2. MMU 地址映射的实现

　　MMU 的实现过程实际上就是一个通过查表来实现虚拟地址到物理地址映射的过程。在实现中,MMU 首先在内存中建立页表(Translate Table),页表的每一项对应于一个虚拟地址和物理地址的映射关系,每一项的长度即是一个字的长度。在 ARM 中,一个字的长度被定义为 4 字节。页表项除完成虚拟地址到物理地址的映射功能之外,还定义了访问权限和缓冲特性等。

　　大多数使用虚拟存储器的系统都使用一种称为分页(Paging)的技术,虚拟地址空间被分成大小相同的一组页,每个页有一个用来标示它的页号。在 ARM 中,一个页可以被配置成 1 BK,4 BK,64 BK 或 1 MB 的大小,分别称为微页、小页、大页和段页。其中对于段页使用一级转换表就可以了,而对于微页、小页、大页则需要使用两级转换表。下面主要说明段页使用一级转换表的工作过程。

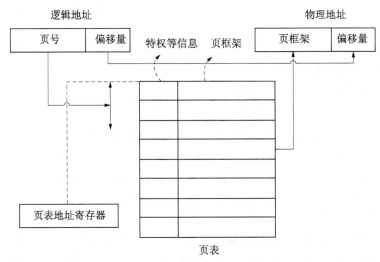

图 2 - 3 - 1　基于页表的内存映射过程

　　如图 2 - 3 - 1 所示,送进 MMU 的虚拟地址被分为两部分页号(Descriptor Index)和偏移量(Offset)。对于一个 32 位的 CPU 来说,Descript Index 长度为 12 bit($2^{12} = 4096$),Offset 长度为 20 bit($2^{20} = 1$ MB,段页的大小)。关于一个描述符(Descriptor)中的 Section Base Address 部分,它长度为 12 bit,里面的值是该虚拟段(页)映射成的物理段(页框)的物理地址前 12 bit,由于每一个物理段的长度都是 1 MB,所以物理段首地址的后 20 bit 总是为 0x00000(每个 Section 都是以 1 MB 对齐),确定一个物理地址的方法是物理页框基地址+虚拟地址中的偏移部分,即 Section Base Address<<20+Offset。

　　二、ARM 异常中断处理基本原理

　　当正常的程序执行流程发生暂时的停止时,称之为异常。ARM 编程特别是系统初始化代码的编写中,通常需要实现对中断的响应、解析跳转和返回等操作的处理,以便支持上层应用程序的开发。中断处理的编程实现首先需要深入了解 ARM 内核和处理器本身的中断特征,从而才能设计出快速简便的中断处理机制。

　　在正常程序执行过程中,每执行一条 ARM 指令,程序计数器寄存器 PC 的值加 4 个字节；每执行一条 Thumb 指令，程序计数器寄存器 PC 的值加两个字节。另外通过跳转指令，程序可以跳转到指定的地址标处执行，或者跳转到特定的子程序处执行，其中整个过程是顺序执行。当异常中断发生时，系统执行完当前指令后，将进入中断模式并跳转到相应的异常中断处理程序处执行。当异常中断处理程序执行完成后，程序返回到发生中断的指令的下一条指令处执行。在进入异常中断处理程序时，要保存被中断的程序的执行现场。从异常中断处理程序退出时，要恢复被中断的程序的执行现场。

ARM 体系中通常在存储地址的低端固化了一个 32 字节的硬件中断向量表，用来指定各异常中断及其处理程序的对应关系。当一个异常出现以后，ARM 微处理器会执行以下几步操作：

1. 保存处理器当前状态、中断屏蔽位以及各条件标志位；

2. 设置当前程序状态寄存器 CPSR 中相应的位；

3. 将寄存器 lr_mode 设置成返回地址；

4. 将程序计数器（PC）值设置成该异常中断的中断向量地址，从而跳转到相应的异常中断处理程序处执行。

在接收到中断请求以后，ARM 处理器内核会自动执行以上四步，程序计数器 PC 总是跳转到相应的固定地址。

从异常中断处理程序中返回包括下面两个基本操作：

1. 恢复被屏蔽的程序的处理器状态；

2. 返回到发生异常中断的指令的下一条指令处继续执行。

当异常中断发生时，程序计数器 PC 所指的位置对于各种不同的异常中断是不同的，同样，返回地址对于各种不同的异常中断也是不同的。例外的是，复位异常中断处理程序不需要返回，因为整个应用系统是从复位异常中断处理程序开始执行的。

如前所述，ARM 处理器响应中断的时候，总是从固定的地址开始的，而在高级语言环境下开发中断服务程序时，无法控制固定地址开始的跳转流程。为了使上层应用程序与硬件中断跳转联系起来，需要编写一段中间的服务程序来进行连接。这样的服务程序常被称作中断解析程序。

每个异常中断对应一个 4 字节的空间，正好放置一条跳转指令或者向 PC 寄存器赋值的数据访问指令。理论上可以通过这两种指令直接使得程序跳转到对应的中断处理程序中去。

三、ARM 处理器模式与异常

1. ARM 处理器的工作状态

ARM 微处理器的工作状态一般有两种：第一种为 ARM 状态，此时处理器执行 32 位的、字对齐的 ARM 指令；第二种为 Thumb 状态，此时处理器执行 16 位的、半字对齐的 Thumb 指令。在程序的执行过程中，微处理器可以随时在两种工作状态之间切换，并且，处理器工作状态的转变并不影响处理器的工作模式和相应寄存器中的内容。但 ARM 微处理器在开始执行代码时，应该处于 ARM 状态。

（1）Thumb 状态：当操作数寄存器的状态位（位 0）为 1 时，可以采用执行 BX 指令的方法，使微处理器从 ARM 状态切换到 Thumb 状态。此外，当处理器处于 Thumb 状态时发生异常（如 IRQ、FIQ、Undef、Abort、SWI 等），则异常处理返回时，自动切换到 Thumb 状态。

（2）ARM 状态：当操作数寄存器的状态位为 0 时，执行 BX 指令时可以使微处理器从 Thumb 状态切换到 ARM 状态。此外，在处理器进行异常处理时，把 PC 指针放入异常模式链接寄存器中，并从异常向量地址开始执行程序，也可以使处理器切换到 ARM 状态。

2．ARM 处理器模式

ARM 微处理器的运行模式可以通过软件改变，也可以通过外部中断或异常处理改变。大多数的应用程序运行在用户模式下，当处理器运行在用户模式下时，某些被保护的系统资源是不能被访问的。

除用户模式以外，其余的所有 6 种模式称之为非用户模式，或特权模式；其中除去用户模式和系统模式以外的 5 种又称为异常模式，常用于处理中断或异常，以及需要访问受保护的系统资源等情况。

ARM 微处理器支持 7 种运行模式，分别为：

（1）用户模式（usr）：ARM 处理器正常的程序执行状态；

（2）快速中断模式（fiq）：用于高速数据传输或通道处理；

（3）外部中断模式（irq）：用于通用的中断处理；

（4）管理模式（svc）：操作系统使用的保护模式；

（5）数据访问终止模式（abt）：当数据或指令预取终止时进入该模式，可用于虚拟存储及存储保护；

（6）系统模式（sys）：运行具有特权的操作系统任务；

（7）未定义指令中止模式（und）：当未定义的指令执行时进入该模式，可用于支持硬件协处理器的软件仿真。

3．ARM 处理器异常

ARM 体系中的异常中断拥有七种不同的异常中断类型，分别适应于不同的中断需要。具体描述如表 2-3-1 所示。

表 2-3-1　ARM 体系中的异常中断

异常中断类型	含　义
复位（RESET）	复位异常中断通常用在下面两种情况： 系统加电时；系统复位时。 复位中断产生时，程序跳转到复位中断向量处执行，称为软复位。
数据访问中止（Data Abort）	如果数据访问指令的目标地址不存在，或者由于权限问题该地址不允许当前指令访问，处理器产生数据访问中止异常中断。
快速中断请求（FIQ）	当处理器的外部快速中断请求引脚有效，而且 CPSR 寄存器的 F 控制位被清除时，处理器产生外部中断请求（FIQ）异常中断。
外部中断请求（IRQ）	当处理器的外部中断请求引脚有效，而且 CPSR 寄存器的 I 控制位被清除时，处理器产生外部中断请求（IRQ）异常中断。系统中各外部设备通常通过该异常中断来请求处理器服务。

异常中断类型	含　义
预取指令中止（Prefech Abort）	如果处理器预取的指令的地址不存在，或者该地址不允许当前指令访问。当该被预取的指令执行时，处理器产生指令预取中止异常中断。
软件中断（SWI）	这是一个有用户定义的中断指令，可用于用户模式下的程序调用特权操作指令。在实时操作系统（RTOS）中可以通过该机制实现系统功能调用。
未定义的指令（Undefined Instruction）	当 ARM 处理器或者系统中协处理器认为当前指令未定义时，产生未定义的指令异常中断。可以通过该异常中断机制仿真浮点向量运算。

　　上面各异常中断及其处理程序的对应关系在中断向量表中指定。在 ARM 体系中，异常中断向量表的大小为 32 字节，它存放在存储地址的低端。其中，在中断向量表中每个异常中断占据 4 个字节空间，剩余的 4 个字节作为保留空间。

　　每个异常中断对应的中断向量表中的 4 个字节的空间中存放着一个跳转指令或一个向 PC 寄存器赋值的数据访问指令。通过这两种指令，程序将跳转到相应的异常中断处理程序处执行。

　　当几个异常中断同时发生时，就必须按照 ARM 中给各异常中断赋予的优先级来处理这些异常中断，优先级高的首先执行。当然有些异常中断是不可能同时发生的，如指令预取中止异常中断和软件中断（SWI）异常中断是由同一条指令执行触发的，它们是不可能同时发生的。处理器执行某个特定的异常中断的过程，称为处理器处于特定的中断模式。各异常中断的中断向量地址和中断处理优先级如表 2-3-2 所示。

表 2-3-2　各异常中断的中断向量地址和中断处理优先级

异常中断类型	中断向量地址	异常中断模式	优先级（6 最低）
复位	0x00	特权模式（SVC）	1
未定义的指令	0x04	未定义指令中止模式（Undef）	6
软件中断（SWI）	0x08	特权模式（SVC）	6
指令预取中止	0x0c	中止模式	5
数据访问中止	0x10	中止模式	2
保留	0x14	未使用	未使用
外部中断请求（IRQ）	0x18	外部中断（IRQ）模式	4
快速中断请求（FIQ）	0x1c	快速中断（FIQ）模式	3

　　4. ARM 异常响应及处理程序的设计

　　当一个异常出现以后，ARM 微处理器会执行以下几步操作：

　　（1）保存处理器当前状态，中断屏蔽位及各条件标志位。将下一条指令的地址存入相应连接寄存器 LR，以便程序在处理异常返回时能从正确的位置重新开始执行。将

CPSR 复制到相应的 SPSR 中。根据异常类型,强制设置 CPSR 的运行模式位。

（2）设置当前程序 CPSR 中相应的位。包括设置 CPSR 中的位,使处理器进入相应的执行模式;设置 CPSR 中的位,禁止 IRQ;当进入 FIQ 模式时,禁止 FIQ 中断。

（3）将寄存器 LR_mode(R14)设置成返回地址,R14 从 R15 中得到 PC 的备份。将程序计数器值 PC 设置成该异常中断对应的中断向量地址,取下一条指令执行,从而跳转到相应的异常中断处理程序处执行。如果异常发生时,处理器处于 Thumb 状态,则当异常向量地址加载入 PC 时,处理器自动切换到 ARM 状态。

ARM 微处理器对异常的响应过程用伪码可以描述为:

R14_<Exception_Mode> = Return Link

SPSR_<Exception_Mode> = CPSR

CPSR[4:0] = Exception Mode Number　//进入特权模式

CPSR[5] = 0　　　　　　　　//切换到 ARM 状态

If <Exception_Mode>==Reset or FIQ then //当响应 FIQ 异常时,禁止新的 FIQ 异常

CPSR[6] = 1　　　　　　　　//禁止 FIQ 异常中断

CPSR[7] = 1　　　　　　　　//禁止 IRQ 中断

PC = Exception Vector Address

当异常处理完毕之后,ARM 微处理器会执行以下几步操作从异常返回:

（1）恢复被中断的程序的处理器状态,将 SPSR 复制回 CPSR 中。

（2）返回到发生异常中断的指令的下一条指令处执行,将连接寄存器 LR 的值减去相应的偏移量后送到 PC 中。

（3）若在进入异常处理时设置了中断禁止位,要在此清除。

针对不同的异常中断类型,返回时 PC 赋值的具体处理略有不同:

（1）复位异常中断

不需要返回。整个应用系统是从复位异常中断处理程序开始执行的,因而不需要返回。

（2）SWI 和未定义指令异常中断处理程序的返回

① SWI 和未定义指令异常中断是由当前执行的指令自身产生的,PC 指向了第三条指令,但 PC 的值还没有更新,还为第二条指令的地址值。

② 所以返回时,直接 MOV PC, LR 即可。

（3）IRQ 和 FIQ 异常中断处理程序的返回

① 通常处理器执行完当前指令后,查询 IRQ 中断引脚及 FIQ 中断引脚,并且查看系统是否允许 IRQ 中断及 FIQ 中断。如果有中断引脚有效,并且系统允许该中断产生,处理器将产生 IRQ 异常中断或 FIQ 异常中断。PC 指向了第三条指令,并且也得到更新。

② 所以返回时,SUBS PC, LR, ♯4 即可。

（4）指令预取中止异常中断处理程序的返回

① 当发生指令预取中止异常中断时,程序要返回到发生该有问题的指令处,重新读取并执行该指令。因此指令预取中止异常中断程序应该返回到产生该指令预取中止异常中断的指令处,而不是像前面两种情况下返回到发生中断的指令的下一条指令。

② PC 指向第三条指令,还未更新,所以 PC 的值仍为第二条指令的地址。

③ 所以返回时,SUBS PC, LR, ♯4 即可。

(5) 数据访问中止异常中断处理程序的返回

① 当发生数据访问中止异常中断后,要返回发生错误的地址处,但发生中断时,PC指向第三条指令,而且已更新。

② 所以返回时,SUBS PC, LR, ♯8 即可。

5. ARM 应用系统中异常中断处理程序的安装

一般在系统的启动代码中安装异常处理程序。大致可以分为两种情况:0 地址处存储器为 ROM/FLASH 和 0 地址处存储器为 RAM。

(1) 在 ROM/FLASH 中安装中断处理程序

在 ROM/FLASH 的异常中断向量表中,可以使用 LDR 指令直接向程序计数器 PC 中赋值,也可以直接使用跳转指令转到异常中断处理程序。

① 使用 LDR 指令

此种方式下,PC 寄存器将被强制指向中断处理程序地址,存储中断处理程序的地址与当前 PC 值为一个相对地址(4 KB 范围内)。

Vector_entry:

```
LDR      PC, Reset_Handle
LDR      PC, Undef_Handle
LDR      PC, SWI_Handle
LDR      PC, Prefetch_Handle
LDR      PC, Abort_Handle
NOP
LDR      PC, IRQ_Handle
LDR      PC, FIQ_Handle
```

② 使用跳转指令

这是最简单的跳转到中断异常处理程序的方式(每一个中断向量入口表中包括一个跳转指令可以跳转到相应的中断服务程序),但这种方式会受到跳转指令的限制,即 ARM 跳转指令只能有+/-32 MB 的相对寻址能力。

Vector_entry:

```
B        Reset_Handle
B        Undef_Handle
B        SWI_Handle
B        Prefetch_Handle
B        Abort_Handle
NOP
B        IRQ_Handle
B        FIQ_Handle
```

(2) 在 RAM 中安装中断处理程序

当 0 地址处为 RAM 时,中断向量表必须使用数据读取指令直接指向 PC 中赋值的形式,而且必须把中断向量从 ROM 中复制到 RAM 地址的 0 地址处。

```
MOV     R8，♯0
ADR     R9，Vector_Init_Block
LDMIA R9!,{R0-R7}
STMIA R8!,{R0-R7}
```

2.3.3　实验步骤

(1) MMU 初始化与内存映射;
(2) 定时器中断的初始化;
(3) 定时器中断处理程序的设计。

2.3.4　关键代码分析

一、MMU 初始化与内存映射
MMU 初始化程序如图 2-3-2 所示,必须使用 ARM 汇编语言实现。

```
MMU_Init：
    mov r0，♯0
    mcr p15，0，r0，c7，c7，0 @ invalidate I,D caches on v4
    mcr p15，0，r0，c7，c10，4      @ drain write buffer on v4
    mcr p15，0，r0，c8，c7，0 @ invalidate I,D TLBs on v4
    @ Write domain id（cp15_r3）
    mvn r0，♯0               @ domains 0，1 = client
    mcr p15，0，r0，c3，c0，0 @ load domain access register
    mov pc,lr
```

图 2-3-2　MMU 初始化函数 MMU_Init()

MMU 的映射主体由 C 语言编程,由于涉及对 ARM 寄存器的操作,所以也要有汇编语言子程序配合。图 2-3-3 是内存映射 C 程序的代码。

```
static inline void mmu_map(void)
{
    unsigned long pageoffset, sectionNumber;

    for (sectionNumber = 0; sectionNumber < 4096; sectionNumber++) {
        pageoffset = (sectionNumber << 20);
        *(mmu_tbl_base + (pageoffset >> 20)) = pageoffset | MMU_SECDESC;
    }
    /* make dram cacheable */
    for ( pageoffset = SDRAM _ BASE; pageoffset < SDRAM _ TOP1; pageoffset + =
0x00100000) {
        *(mmu_tbl_base + (pageoffset >> 20)) = pageoffset | MMU_SECDESC | MMU_
CACHEABLE;
    }
```

```
/* exception vector */
#ifdef CONFIG_HIGH_VECTOR_ON
    *(mmu_tbl_base+(VECTOR_VBASE>>20)) = (VECTOR_PBASE) | MMU_SECDESC;
#else
    if (_bootpc)/* map the interrupt vector address to 0 if boot from sdram */
        *(mmu_tbl_base+0) = MLOAD_BASE | MMU_SECDESC;
#endif
}
```

图 2-3-3　MMU 内存映射 C 程序代码

由上图可以看到,MMU 将内存物理地址映射为相同的虚拟地址。最后,如果设置高端中断的话,则将低端中断向量表地址(物理地址,0x33ff0000)映射到内存高端(虚拟地址,0xffff0000)。

二、定时器中断初始化程序

定时器采用 Timer0,初始化程序如图 2-3-4 所示。

```
static void init_timer0()
{
    rINTMSK &= (~BIT_TIMER0);      // Enable TIMER0 interrupt
    pISR_TIMER0 = (unsigned int)irq_timer0;
    rTCMPB0 = 0x0000;              // Set timer0 rTCNTB0 =
50 * 1000;                        // Time is 1 second
    rTCON = TIMER_UPDATE;          // Update timer data
    rTCON = TIMER_START;           // Start timer
}
```

图 2-3-4　定时器 Timer0 初始化程序

三、定时器中断处理程序

该函数负责执行中断处理功能,本实验是在超级终端的第 10 行第 30 列显示字符串:
Timer0 [XXX]
其中 XXX 为计数器值,每秒显示一次。C 程序代码如图 2-3-5 所示。

```
static void irq_timer0()
{
    static int cnt = 0;

    printk("\033[10;30HTimer0 [%d]", cnt++);
    rSRCPND = BIT_TIMER0;
    rINTPND = rINTPND;


}
```

图 2-3-5　定时器 Timer0 中断处理程序

2.4　Project 4：Software interrupt and system calls

2.4.1　实验目的

软件中断(SWI)是重要的异常处理机制,操作系统的系统调用就是通过 SWI 实现的。

本实验的目的是实现 SWI 处理机制,通过 SWI 实现简单的系统调用功能,通过该系统调用功能实现 cprintf()函数。

2.4.2　预备知识

一、系统调用基本原理与实现

由操作系统实现的所有系统调用所构成的集合(Application Programming Interface,API)是应用程序调用操作系统一些功能的接口。

操作系统的主要功能是为应用程序的运行创建必要的条件,因此操作系统内核封装出一系列具备预定基础功能的多内核函数,这些函数通过被称为系统调用(system call)的接口呈现给用户。系统调用把应用程序的请求传给内核,调用相应的内核函数完成所需的处理,将处理结果返回给应用程序。

需要注意系统调用与常被提及的应用编程接口(API)是不同的:系统调用是通过软件中断向内核发出的一个明确的请求,会触发中断程序的执行;而 API 是一个函数定义,在应用程序中顺序调用即可;通常情况下,每个系统调用对应一个封装例程,封装例程中定义了应用程序使用的 API,而一个 API 则没必要对应一个特定的系统调用;此外,系统调用是在内核执行的,而一般的 API 库函数在用户态执行。

应用程序要想访问内核必须使用系统调用从而实现从 usr 模式转到 svc 模式。系统调用是操作系统提供的服务,用户程序通过各种系统调用,来引用内核提供的各种服务。在 ARM 中,系统调用的执行让用户程序陷入内核,这个过程是通过软件中断 SWI(或者和它等价的指令)来实现模式转换的。

大部分封装例程返回一个整数,其值的含义依赖于相应的系统调用。返回-1 通常表示内核不能满足进程的请求。系统调用处理程序的失败可能是由无效参数引起的,也可能是因为缺乏可用资源,或硬件出了问题等。在 libc 库中定义的 errno 变量包含特定的出错码,每个出错码定义为一个常量宏。

当用户态的进程调用一个系统调用时,CPU 切换到内核态并开始执行一个内核函数。因为内核实现了很多不同的系统调用,因此进程必须传递一个名为系统调用号(system call number)的参数来识别所需的系统调用。所有的系统调用核都返回一个整数值。这些返回值与封装例程返回值的约定是不同的。在内核中,整数或 0 表示系统调用成功结束,而负数表示一个出错条件。在后一种情况下,这个值就是存放在 errno 变量中必须返回给应用程序的负出错码。

SWI 指令用于产生软件中断,从而实现从用户模式到管理模式的变换。中断产生时,CPSR 保存到管理模式的 SPSR,执行转移到 SWI 向量。在其他模式下也可使用 SWI 指令,处理器同样地切换到管理模式。指令格式如下:

SWI{cond} immed_24

其中,immed_24 表示 24 位立即数,值为从 0～16777215 之间的整数。

使用 SWI 指令时,通常使用以下两种方法进行参数传递,SWI 异常处理程序可以提供相关的服务,这两种方法均是用户软件协定。

1. 指令中 24 位的立即数指定了用户请求的服务类型,参数通过通用寄存器传递。SWI 异常处理程序要通过读取引起软件中断的 SWI 指令,以取得 24 位立即数。如:

MOV R0,♯34

SWI 12

2. 指令中的 24 位立即数被忽略,用户请求的服务类型由寄存器 R0 的值决定,参数通过其他的通用寄存器传递。如:

MOV R0,♯12

MOV R1,♯34

SWI 0

在 SWI 异常处理程序中,取出 SWI 立即数的步骤为:首先确定引起软件中断的 SWI 指令是 ARM 指令还是 Thumb 指令,这可通过对 SPSR 访问得到;然后取得该 SWI 指令的地址,这可通过访问 LR 寄存器得到;最后读出指令,分解出立即数(低 24 位)。

二、常用操作系统的系统调用功能举例

前面介绍了系统调用相关的数据结构以及在 Linux 中使用一个系统调用的过程中每一步是怎样处理的,下面将把前面的所有概念串起来,说明怎样在 Linux 中增加一个系统调用。这里实现的系统调用 hello 仅仅是在控制台上打印一条语句,没有任何功能。

1. 修改 linux/include/i386/unistd.h,在里面增加一条语句:

♯define __NR_hello NUM_SWI_HELLO(这个数字可能因为核心版本不同而不同)

2. 在 linux/kernel 目录中增加一个 hello.c,修改该目录下的 Makefile(把相应的.o 文件列入 Makefile 中)。

3. 编写 hello.c

```
♯include<linux/init.h>
……
asmlinkage int sys_hello(char * str)
{
    printk("My syscall: hello, I know what you say to me: %s ! \n", str);
    return 0;
}
```

4. 修改 linux/arch/i386/kernel/entry.S,其中增加一条语句:

```
ENTRY(sys_call_table)
……
. long SYMBOL_NAME(sys_hello)
```

并且修改：

. rept NR_syscalls－NUM_SWI_HELLO / ＊ NUM_SWI_HELLO ＝ NUM_SWI_ HELLO ＋1 ＊/

. long SYMBOL_NAME(sys_ni_syscall)

5. 在 linux/include/i386/中增加 hello. h,其中至少应包括这样几条语句：

♯include ＜linux/unistd. h＞

♯ifdef_KERNEL

♯else

inline _syscall1(int, hello, char ＊, str);

♯endif

这样就可以使用系统调用 hello 了。

三、ARM 软件中断 SWI 处理程序的设计

编写 SWI 处理程序时需要注意的几个问题,包括判断 SWI 中断号；使用汇编语言编写 SWI 异常处理函数；使用 C 语言编写 SWI 异常处理函数；在特权模式下使用 SWI 异常中断处理；从应用程序中调用 SWI。

1. 判断 SWI 中断号

当发生 SWI 异常,进入异常处理程序时,异常处理程序必须提取 SWI 中断号,从而得到用户请求的特定 SWI 功能。

在 SWI 指令的编码格式中,后 24 位称为指令的"comment field"。该域保存的 24 位数,即为 SWI 指令的中断号,如图 2－4－1 所示。

图 2－4－1　SWI 指令编码格式

第一级的 SWI 处理函数通过 LR 寄存器内容得到 SWI 指令地址,并从存储器中得到 SWI 指令编码。通常这些工作通过汇编语言、内嵌汇编来完成。下面的例子显示了提取中断向量号的标准过程。

. SWI_Handler:

STMFD sp!,{R0－R12,lr};保存寄存器

LDR R0,[lr,♯－4]　;计算 SWI 指令地址

BIC R0,R0,♯0xff000000 ;提取指令编码的后 24 位

　　　　　　　　　　　;提取出的中断号放 R0 寄存器,函数返回

LDMFD sp!,{R0－R12,pc}＾;恢复寄存器

在这个例子中,使用 LR－4 得到 SWI 指令的地址,再通过"BIC R0, R0, ♯0xff000000"指令提取 SWI 指令中断号。

2. 使用 C 语言编写 SWI 异常处理函数

虽然第一级 SWI 处理函数(完成中断向量号的提取)必须用汇编语言完成,但第二级

中断处理函数（根据提取的中断向量号，跳转到具体处理函数的处理逻辑）却可以使用 C
语言来完成。因为第一级的中断处理函数已经将中断号提取到寄存器 R0 中，所以根据
AAPCS 函数调用规则，可以直接使用 BL 指令跳转到 C 语言函数，而且中断向量号作为
第一个参数被传递到 C 函数。例如，汇编中使用了"BL C_SWI_Handler"跳转到 C 语言
的第二级处理函数，而第二级 C 语言函数的处理过程示例如下。

```
void C_SWI_handler (unsigned number)
{
    switch（number）
    {
    case 0 ：/* SWI number 0 code,中断号为 0 的处理代码。*/
    break；
    case 1 ：/* SWI number 1 code,中断号为 1 的处理代码。*/
    break；
    ...
    default ：/* Unknown SWI－report error,未知中断号的处理代码。*/
    }
}
```

另外，如果需要传递的参数多于 1 个，那么可以使用堆栈，将堆栈指针作为函数的参数
传递给 C 类型的二级中断处理程序，就可以实现在两级中断之间传递多个参数。例如：

MOV R1，sp　　;将传递的第二个参数（堆栈指针）放到 R1 中
BL C_SWI_Handler;调用 C 函数
相应的 C 函数的入口变为：
void C_SWI_handler(unsigned number，unsigned ＊reg)
同时，C 函数也可以通过堆栈返回操作的结果。

2.4.3　实验步骤

(1) SWI 主控程序的设计；
(2) SWI 系统调用接口函数的设计；
(3) SWI 内核处理函数的设计；
(4) cprintf()函数设计。

2.4.4　关键代码分析

一、SWI 主控程序的设计
由 SWI 主控程序调用内核处理函数，ARM 汇编语言程序代码如图 2-4-2 所示。

```
SWI_Handler：
    str  r0,[sp,#-4]           @ save r0
    mrs r0,spsr
    str  r0,[sp,#-8]           @ save status register of user mode
```

```
str    r14,[sp,#-12]              @ save return address of user mode
mov r0,sp                          @ save sp of svc mode
msr cpsr_c,#(NOINT | SYS_Mode)     @ change to sys mode
str    lr,[sp,#-8]!               @ save return address of sys mode
ldr    r14,[r0,#-12]              @ get return address of usermode
str    r14,[sp,#4]                @ save return address of user mode
ldr    r14,[r0,#-8]               @ get status register of user mode
ldr    r0,[r0,#-4]                @ restore r0
stmfd      sp!,{r1-r12,r14}
bl    sysc_sched                   @ SWI functions
ldmfd      sp!,{r1-r12}
ldmfd      sp!,{r14}
msr cpsr,r14
ldmfd      sp!,{lr,pc}
```

图 2-4-2　SWI 主控程序的 ARM 汇编语言代码

二、SWI 系统调用接口函数的设计

为程序设计清晰起见,本系列实验没有使用 C 语言的内联汇编(in-line assembly)。因此接口函数直接使用 ARM 汇编语言实现,如图 2-4-3 所示。

```
_syscall:
    swi #0
    bx   lr
```

图 2-4-3　SWI 接口函数的 ARM 汇编语言代码

三、SWI 内核处理函数的设计

C 语言编程代码如图 2-4-4 所示。

```
int sys_uart_write(char * str)
{
    uart_puts(str);
    return strlen(str);
}


int sysc_sched(int n, int arg0, int arg1, int arg2)
{
    return sys_uart_write((char * )arg0);
}
```

图 2-4-4　SWI 内核处理函数的 C 语言代码

SWI 主控函数调用 sysc_sched(),该函数可以根据传入的参数不同,调用不同的处理程序,从而实现多种系统调用功能。本实验只有一种(sys_uart_write),所以不需判断,直接调用该函数。

四、cprintf()函数设计

函数 cprintf()与前述的 uart_printf()很相像,只是在 cprintf()中实现的字符串输出不是直接调用 UART 函数,而是通过系统调用功能间接调用 UART 函数。代码如图 2-4-5所示,其中函数_syscall()就是前面的接口函数。

```
extern int _syscall(int num, ...);
#define uart_write(s) _syscall(1,s)
int cprintf(const char * fmt, ...)
{
    va_list ap = (va_list)((char *)(&fmt) + 4);
    char str[256];

    vsprintf(str, fmt, ap);
    return uart_write(str);
}
```

图 2-4-5　函数 cprintf()代码

2.5　Project 5：Real-time and time-sharing multi-tasking schedule

2.5.1　实验目的

多任务调度是嵌入式操作系统核心功能。本实验的目的是实现两种典型的多任务调度功能:实时调度与分时调度。实时调度针对所有实时任务(优先级高于 Idle 进程优先级的任务),分时调度针对所有分时任务(优先级等于 Idle 进程优先级的任务)。

2.5.2　预备知识

一、操作系统任务调度基本原理及常用调度方法简介

不管在哪种操作系统中,用户运行的进程或者任务数一般都多于处理器数,这将导致它们互相争夺处理器,而且系统进程也同样需要使用处理器。这就需要操作系统能够提供任务调度,按一定的策略动态地把处理器分配给相应的进程或者任务,使之运行。对于不同的系统和系统目标,通常采用不同的调度算法,例如,在批处理系统中,为了照顾为数众多的段作业,应采用短作业优先的调度算法;又如在分时系统中,为了保证系统具有合理的响应时间,应当采用轮转法进行调度。目前存在的多种调度算法中,有的算法适用于作业调度,有的算法适用于进程调度,但也有些调度算法既可以用于作业调度,也可以用于进程或者任务调度。

目前主要的调度算法可以分为下面几类:

1. 先进先出(FCFS)

先进先出(FCFS, First Come First Serve)是最简单的调度算法,按队列中任务先后

顺序进行调度。该算法按照作业提交或进程变为就绪状态的先后次序分派 CPU。当前作业或进程占用 CPU,直到执行完或阻塞,才出让 CPU(非抢占方式);在作业或进程唤醒后(如 I/O 完成),并不立即恢复执行,通常等到当前作业或进程出让 CPU。

　　FCFS 算法比较有利于长作业,而不利于短作业;有利于 CPU 繁忙的作业,而不利于 I/O 繁忙的作业。

　　2. 轮转法(Round Robin)

　　轮转法(Round Robin)是让每个进程在就绪队列中的等待时间与享受服务的时间成正比例。该算法将系统中所有的就绪进程按照 FCFS 原则,排成一个队列。每次调度时将 CPU 分派给队首进程,让其执行一个时间片。时间片的长度从几个 ms 到几百 ms。在一个时间片结束时,发生时钟中断。调度程序据此暂停当前进程的执行,将其送到就绪队列的末尾,并通过上下文切换执行当前的队首进程。在调度过程中,某些进程可能未使用完一个时间片,就出让 CPU,如进程阻塞的情况。

　　轮转法调度中的一个重要问题是时间片长度的确定。如果时间片长度过长,该算法退化为 FCFS 算法,进程在一个时间片内都执行完,响应时间比较长。如果时间片长度过短,用户的一次请求需要多个时间片才能处理完,上下文切换次数增加,响应时间变长。因此,在设计轮转法调度算法时要将时间片长度设置为一个合适的值。

　　3. 多级反馈队列算法(Round Robin with Multiple Feedback)

　　多级反馈队列方式是在系统中设置多个就绪队列,并赋予各队列以不同的优先权。它是时间片轮转算法和优先级算法的综合和发展。

　　多级反馈队列算法中将设置多个就绪队列,分别赋予不同的优先级,队列 1 的优先级最高。每个队列执行时间片的长度也不同,规定优先级越低则时间片越长,如逐级加倍。当新进程进入内存后,先投入队列 1 的末尾,按 FCFS 算法调度;若按队列 1 一个时间片未能执行完,则降低投入到队列 2 的末尾,同样按 FCFS 算法调度;如此下去,降低到最后的队列,则按“时间片轮转”算法调度直到完成。仅当较高优先级的队列为空,才调度较低优先级的队列中的进程执行。如果进程执行时有新进程进入较高优先级的队列,则抢先执行新进程,并把被抢先的进程投入原队列的末尾。

　　在采用该算法时,针对进程或者任务的不同类型有不同的处理策略:

　　(1) I/O 型进程:让其进入最高优先级队列,以及时响应 I/O 交互。通常执行一个小时间片,要求可处理完一次 I/O 请求的数据,然后转入到阻塞队列。

　　(2) 计算型进程:每次都执行完时间片,进入更低级队列。最终采用最大时间片来执行,减少调度次数。I/O 次数不多,而主要是 CPU 处理的进程。在 I/O 完成后,放回优先 I/O 请求时离开的队列,以免每次都回到最高优先级队列后再逐次下降。为适应一个进程在不同时间段的运行特点,I/O 完成时,提高优先级;时间片用完时,降低优先级。

　　二、µC/OS‑II 实时任务调度原理与实现、任务切换原理与实现

　　在 µC/OS‑II 操作系统中,一个任务也称作一个线程,就是一个简单的程序,这个程序在执行时可以使 CPU 完全属于该程序自己。而多任务同时运行时,实际上并不是有多个 CPU 让多任务使用,而是靠 CPU 在多个任务间的转换和调度。

　　1. 任务状态

　　µC/OS‑II 操作系统的任务状态有五种,分别是睡眠态、就绪态、运行态、等待状态和

中断服务态。

　　睡眠态是指程序还在存储设备中,还没有被 μC/OS-II 操作系统管理,此时的任务只能通过任务创建函数才能脱离此状态,调用创建任务函数后,任务才能从睡眠态变成就绪态,在这个意义上来说,睡眠态就是 μC/OS-II 操作系统的入口,可以通过任务创建函数的程序首先进入睡眠态。

　　任务被建立后,任务就进入到了就绪态,准备运行了。如果新建立任务的优先级高于就绪态中的其他任务的优先级,则新建立的任务就会立即得到 CPU 的使用权,会被优先执行,从而进入到运行态;而在就绪态的任务也可以通过调用任务删除函数回到睡眠态。

　　由于任何时刻只有一个任务处于运行态,所以一旦运行态中的任务被剥夺了 CPU 的使用权,它就从运行态回到等待状态。也可以通过人为的控制邮箱、信号量、延迟时间等使正在运行的任务从运行态转到等待状态。如果正在运行的任务是允许中断的,此时若中断服务程序正好到来,正在运行的任务也会进入中断服务状态,而进入中断服务状态的任务只有把 CPU 的控制权还给中断前的任务时,才能从中断服务状态退出来。运行态的任务也是可以被删除的,如果此时调用了任务删除函数,运行态的任务也会直接回到睡眠态。

　　一旦正在运行的任务通过将自己延迟一段时间或是由于要等待某一事件的发生而进入到了等待状态,如果延迟时间满,或是等待的某一事件发生了,任务就进入到了就绪态;或者等待状态的任务被删除了,那么它会进入到睡眠态。由此看来,睡眠态又是 μC/OS-II 操作系统的出口,而出口的钥匙是任务删除函数,与任务建立函数相对。

　　2. 任务调度与切换

　　μC/OS-II 中最多可以支持 64 个任务,分别对应优先级 0~63,其中 0 为最高优先级。63 为最低级,系统保留了 4 个最高优先级的任务和 4 个最低优先级的任务,所有用户可以使用的任务数有 56 个。

　　μC/OS-II 操作系统作为一个商业用的实时操作系统,它采用可剥夺型内核。可剥夺型内核是指当有高优先级任务进入队列时,不用等待低优先级的任务先执行完毕,可以直接切换到高优先级的任务来执行,即高优先级任务可以剥夺低优先级任务的 CPU 的使用权。

　　对于多任务的管理,μC/OS-II 操作系统是通过调度器来完成。任务调度器的主要工作有:在任务就绪表中查找具有最高优先级的就绪任务,实现任务的切换。两种调度器分别实现任务级调度和中断级调度,其中任务级的调度是由函数 OSSched() 完成,而中断级的调度是通过函数 OSIntExit() 完成。

　　μC/OS-II 任务间切换时一般会调用 OSSched() 函数,这个函数称作任务调度的前导函数,函数的伪代码如下:

```
void OSSched(void){
    关中断
    如果(不是中断嵌套并且系统可以被调度){
        确定优先级最高的任务
        如果(最高级的任务不是当前的任务){
```

```
        调用 OSCtxSw();
        }
    }
    开中断
}
```

在该函数中,先判断要进行任务切换的条件,如果条件允许进行任务调度,则调用 OSCtxSw()。OSCtxSw()函数是真正实现任务调度的函数,由于期间要对堆栈进行操作,所以 OSCtxSw()一般用汇编语言写成。它将正在运行的任务的 CPU 的 SR 寄存器推入堆栈,然后把 R4～R15 压栈。接着把当前的 SP 保存在 TCB→OSTCBStkPtr 中,再把最高优先级的 TCB→OSTCBStkPtr 的值赋值给 SP。

此时,SP 就已经指到最高优先级任务的任务堆栈了。然后进行出栈工作,先把 R15～R4 出栈,接着使用 RETI 返回,这样就把 SR 和 PC 出栈了。简单地说,μC/OS‐Ⅱ切换到最高优先级的任务,只是恢复最高优先级任务所有的寄存器并运行中断返回指令(RETI),实际上,所作的只是人为地模仿了一次中断。

对于中断级的任务切换,μC/OS‐Ⅱ的中断服务子程序和一般前后台的操作有少许不同,往往需要这样操作步骤:

保存全部 CPU 寄存器;
调用 OSIntEnter()或 OSIntNesting++;
开放中断;
执行用户代码;
关闭中断;
调用 OSIntExit();
恢复所有 CPU 寄存器;
RETI。

OSIntEnter()就是将全局变量 OSIntNesting 加 1。OSIntNesting 是中断嵌套层数的变量。μC/OS‐Ⅱ通过它确保在中断嵌套的时候,不进行任务调度。执行完用户的代码后,μC/OS‐Ⅱ调用 OSIntExit(),一个与 OSSched()很像的函数。在这个函数中,系统首先把 OSIntNesting 减 1,然后判断是否中断嵌套。如果不是的话,并且当前任务不是最高优先级的任务,那么找到优先级最高的任务,执行 OSIntCtxSw()这一出中断任务切换函数。因为,在这之前已经做好了压栈工作;在这个函数中,要进行 R15～R4 的出栈工作。而且,由于在之前调用函数的时候,可能已经有一些寄存器被压入了堆栈。所以要进行堆栈指针的调整,使得能够从正确的位置出栈。

这两个切换过程是很相似的,所不同的其中一点就是 OSSched()调用了任务切换函数 OS_TASK_SW(),而退出中断服务子程序 OSIntExit()却调用的是 OSIntCtxSw()函数。这是因为中断服务子程序已经将 CPU 寄存器存入到中断了的任务的堆栈中,所以只需要恢复堆栈中的内容即可。

三、Linux 分时进程调度基本原理与实现

Linux 的进程调度是基于分时技术(time-sharing)。允许多个进程"并发"运行就意味着 CPU 的时间被粗略地分成"片",给每个可运行进程分配一片。当然,单处理器在任

何给定的时刻只能运行一个进程。当一个并发执行的进程其时间片或时限(quantum)到期时还没有终止,进程切换就可以发生。分时依赖于定时中断,因此,对进程是透明的。为保证 CPU 分时,不需要在程序中插入额外的代码。

调度策略也是基于依照优先级排队的进程。有时用复杂的算法求出进程当前的优先级,但最后的结果是相同的:每个进程都与一个值相关联,这个值表示把进程如何适当地分配给 CPU。在 Linux 中,进程的优先级是动态的。调度程序跟踪进程做了些什么,并周期性地调整它们的优先级。在这种方式下,在较长的时间间隔内没有使用 CPU 的进程,通过动态地增加它们的优先级来提升它们;相应地,对于已经在 CPU 上运行了较长时间的进程,通过减少它们的优先级来处罚它们。每个进程在创建之初有一个基本的优先级,执行期间调度系统会动态调整它的优先级,交互性高的任务会获得一个高的动态优先级,而交互性低的任务获得一个低的动态优先级。优先级动态调整关系如图 2-5-1 所示。

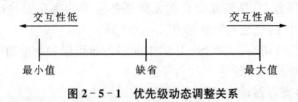

图 2-5-1　优先级动态调整关系

Linux 操作系统支持多进程,进程控制块 PCB(Process Control Block)是系统中最为重要的数据结构之一,用来存放进程所必需的各种信息。PCB 用结构 task-struct 来表示,包括进程的类型、进程状态、优先级、时钟信息等。Linux 系统中,进程调度操作由 schedule() 函数执行,它的主要任务是在就绪队列 run_queue 中选出一个进程并投入运行。schedule() 函数主要依靠下面四个参数来选择进程:

■　Policy 是进程的调度策略;
■　Priority 是普通进程的优先级,它是[0~70]之间的数,数值越大优先级越高;Priority 除表示进程的优先级,还表示分配给进程使用 CPU 的时间片;
■　Rt_Priority 是实时进程的优先级,策略为 SCHED_FIFO 的实时进程的 rt_Priority 大于 SCHED_RR 实时进程;
■　Counter 中进程过程中的剩余时间片,它是动态变化的,它的初始值就是 Priority。

为了高效地调度进程,Linux 系统将进程分为两类:实时进程和普通进程(又称非实时进程或一般进程),实时进程的优先级要高于其他进程,如果一个实时进程处于可执行状态,它将先得到执行。实时进程又有两种策略:时间片轮转和先进先出,在时间片轮转策略中,每个可执行实时进程轮流执行一个时间片,而先进先出策略每个进程按各自在运行队列中的顺序执行且顺序不能变化。

在 Linux 中,实时进程调度策略共定义了三种:
(1) SCHED_OTHER 分时调度策略;
(2) SCHED_FIFO 实时调度策略,先到先服务;
(3) SCHED_RR 实时调度策略,时间片轮转。

实时进程将得到优先调用,实时进程根据实时优先级决定调度权值,分时进程则通过 nice 和 counter 值决定权值,nice 越小,counter 越大,被调度的概率越大,也就是曾经使用了 CPU 最少的进程将会得到优先调度。

SHCED_RR 和 SCHED_FIFO 两种策略的应用也不尽相同:

当采用 SHCED_RR 策略的进程的时间片用完,系统将重新分配时间片,并置于就绪队列尾。放在队列尾保证了所有具有相同优先级的 RR 任务的调度公平。

SCHED_FIFO 一旦占用 CPU 则一直运行。一直运行直到有更高优先级任务到达或自己放弃。如果有相同优先级的实时进程(根据优先级计算的调度权值是一样的)已经准备好,FIFO 时必须等待该进程主动放弃后才可以运行这个优先级相同的任务。而 RR 可以让每个任务都执行一段时间。

所有任务都采用分时调度策略时,调度算法如下:

(1) 创建任务指定采用分时调度策略,并指定优先级 nice 值($-20\sim19$);

(2) 将根据每个任务的 nice 值确定在 CPU 上的执行时间(counter);

(3) 如果没有等待资源,则将该任务加入到就绪队列中;

(4) 调度程序遍历就绪队列中的任务,通过对每个任务动态优先级的计算(counter+20-nice)结果,选择计算结果最大的一个去运行,当这个时间片用完后(counter 减至 0)或者主动放弃 CPU 时,该任务将被放在就绪队列末尾(时间片用完)或等待队列(因等待资源而放弃 CPU)中;

(5) 此时调度程序重复上面计算过程,转到第 4 步;

(6) 当调度程序发现所有就绪任务计算所得的权值都为不大于 0 时,重复第 2 步。

所有任务都采用 FIFO 时,调度算法如下:

(1) 创建进程时指定采用 FIFO,并设置实时优先级 rt_priority($1\sim99$);

(2) 如果没有等待资源,则将该任务加入到就绪队列中;

(3) 调度程序遍历就绪队列,根据实时优先级计算调度权值(1 000+rt_priority),选择权值最高的任务使用 CPU,该 FIFO 任务将一直占有 CPU 直到有优先级更高的任务就绪(即使优先级相同也不行)或者主动放弃(等待资源);

(4) 调度程序发现有优先级更高的任务到达(高优先级任务可能被中断或定时器任务唤醒,再或被当前运行的任务唤醒等),则调度程序立即在当前任务堆栈中保存当前 CPU 寄存器的所有数据,重新从高优先级任务的堆栈中加载寄存器数据到 CPU,此时高优先级的任务开始运行。重复第 3 步;

(5) 如果当前任务因等待资源而主动放弃 CPU 使用权,则该任务将从就绪队列中删除,加入等待队列,此时重复第 3 步。

所有任务都采用 RR 调度策略时,调度算法如下:

(1) 创建任务时指定调度参数为 RR,并设置任务的实时优先级和 nice 值(nice 值将会转换为该任务的时间片的长度);

(2) 如果没有等待资源,则将该任务加入到就绪队列中;

(3) 调度程序遍历就绪队列,根据实时优先级计算调度权值(1 000+rt_priority),选择权值最高的任务使用 CPU;

(4) 如果就绪队列中的 RR 任务时间片为 0,则会根据 nice 值设置该任务的时间片,同时将该任务放入就绪队列的末尾。重复步骤 3；

（5）当前任务由于等待资源而主动退出 CPU，则其加入等待队列中。重复步骤 3。

2.5.3　实验步骤

（1）任务控制块（TCB，Task Control Block）的设计；

（2）多任务的初始化；

（3）多任务的切换；

（4）实时任务的调度；

（5）分时任务的调度；

（6）创建任务。

2.5.4　关键代码分析

一、任务控制块

任务控制块 TCB 的结构体代码如图 2-5-2 所示。其中，stack 是任务堆栈指针，每一个任务都要有自己独立的堆栈；status 是任务状态字；prio 是任务优先级；delay 是任务计数器，用来设置任务休眠时间；next 和 prev 用来链接空闲任务控制块；slice 和 ticks 专用于分时任务，前者为时间片，后者为时间片计数器。

```
typedef struct os_tcb
    { void * stack;
    BYTE status;
    BYTE prio;
    WORD delay;
    struct os_tcb * next;
    struct os_tcb * prev;
    WORD slice;
    WORD ticks;
} OS_TCB;
```

图 2-5-2　任务控制块 TCB 的结构体代码

二、任务初始化

任务初始化首先要初始化就绪数组、内存映射表、任务控制块数组等。接下来要启动系统定时器，实际上相当于重新设置系统时钟以便实现任务调度。最后创建 Idle（空闲）任务。当所有任务都处于非就绪状态时，Idle 任务被调度执行。

为节省实时任务调度的时间，在选择当前最高优先级时采用与 μC/OS-II 操作系统相同的"内存映射表"方法实现快速查询。函数 task_init() 代码如图 2-5-3 所示。

```
void task_init(void)
{
    BYTE i, x, y;

    cur_task = tcb_list = NULL;
```

```
intr_nest = running = rdy_group = 0;
for (i = 0; i < 8; rdy_table[i ++] = 0);
for (i = 0; i < 64; prio_table[i ++] = NULL);
for (i = 0; i < OS_MAX_TASKS; i++)
    tcb_table[i]. next = &tcb_table[i+1];
for (i = 255; i > 0; i ——) {
    for (x = 1, y = 0; ! (i & x); x <<= 1, y ++);
    unmap_table[i] = y;
}
tcb_table[OS_MAX_TASKS]. next = NULL;
tcb_free = &tcb_table[0];
start_ticker(OS_TICKS_PER_SEC);
task_create(idle_task,NULL,(void * )&idle_task_stk[OS_IDLE_TASK_STK_SIZE], OS_LO_
PRIO);
}
```

图 2 - 5 - 3　任务初始化函数 task_init() 代码

三、多任务的切换

多任务切换主要由汇编语言实现。多任务切换体现在两种时机：第一种时机是系统时钟中断可能会导致任务切换；第二种时机是在高优先级任务被创建、高优先级任务开始休眠或重新就绪时。

切换程序首先保护当前任务现场信息（r0 — r12，lr，pc），然后调用函数 task_renew()。该函数保存当前任务堆栈地址并返回新任务的堆栈地址。最后，恢复新任务现场信息，完成任务切换。汇编语言代码如图 2 - 5 - 4 所示。

```
task_switch：
    stmfd      sp!,{lr}          @ push pc (lr should be pushed in place of PC)
    stmfd      sp!,{lr}          @ push lr
    stmfd      sp!,{r0—r12}      @ push registers r0—r12
    mrs r1, cpsr
    stmfd      sp!,{r1}          @ push cpsr
    mov r0,sp                    @ sp as the parameter
    bl    task_renew             @ call function task_set
    ldr   sp,[r0]                @ r0：TCB of the current task
    ldmfd      sp!,{r1}          @ pop cpsr
    msr cpsr_cxsf,r1
    ldmfd      sp!,{r0—r12,lr,pc}@ interrupt return
```

图 2 - 5 - 4　多任务切换程序的汇编语言代码

四、实时任务的调度

实时调度是通过快速查询内存映射表找到当前待调度的就绪进程。查找工作由函数 get_ready() 完成，程序代码如图 2 - 5 - 5 所示。

```
inline BYTE get_ready(void)
{
    BYTE x = unmap_table[rdy_group];
    return (x << 3) + unmap_table[rdy_table[x]];
}


void task_sched(void)
{
    disable_irq();
    rdy_task = prio_table[get_ready()];
    task_rr_ched();
    if (rdy_task ! = cur_task)
        task_switch();
    enable_irq();
}
```

图 2-5-5　实时调度程序代码

五、分时任务的调度

当没有任何高优先级任务就绪时，引起分时调度，代码如图 2-5-6 所示。

```
static void task_rr_ched(void)
{
    int max = -1;
    OS_TCB * p;
    if (rdy_task->prio ! = OS_LO_PRIO) return;
    while (1) {
        for (p = tcb_list; p; p = p->next)
            if (p->prio == OS_LO_PRIO && p ! = prio_table[OS_LO_PRIO] &&
                p->status == OS_STAT_RDY && p->ticks > max)
                max = p->ticks, rdy_task = p;
        if (max)
            break;
        for (p = tcb_list; p; p = p->next)
            if (p->prio == OS_LO_PRIO && p ! = prio_table[OS_LO_PRIO])
                p->ticks = (p->ticks >> 1) + p->slice;
    }
}
```

图 2-5-6　分时调度程序代码

该函数首先检查就绪任务优先级，如优先级高于 Idle 的优先级则为实时任务，不作任何处理。否则是分时任务，则需遍历所有分时任务的 TCB，先选择时间片剩余最多的任务进行调度，其算法与 Linux 系统的分时调度算法类似。

六、创建任务

创建任务函数 task_create()，代码如图 2 - 5 - 7 所示。

```
BYTE task_create(void ( * task)(void * dptr), void * data, void * pstk, BYTE p)
{
    OS_TCB * ptr;
    WORD * stk;

    if (prio_table[p] == NULL || p == OS_LO_PRIO) {
        ptr = tcb_get();
        ptr->prio = (BYTE)p;
        ptr->status = OS_STAT_RDY;
        ptr->delay = 0;
        stk = (void * )task_stk_init(task, data, pstk);
        ptr->stack = (void * )stk;
        if (prio_table[p] == NULL)
            prio_table[p]= ptr;
        else
            ptr->slice = ptr->ticks = OS_TIMESLICE;
        disable_irq();
        ptr->next = tcb_list;
        ptr->prev = NULL;
        if (tcb_list ! = NULL)
            tcb_list->prev = ptr;
        tcb_list = ptr;
        rdy_group |= map_tablel[p >> 3];
        rdy_table[p >> 3] |= map_tablel[p & 0x07];
        enable_irq();
        if (running)
            task_sched();
        return (OS_NO_ERR);
    } else {
        return (OS_PRIO_EXIST);
    }
}
```

图 2 - 5 - 7　创建任务函数 task_create()程序代码

第三章 嵌入式操作系统内核的应用实验与功能扩展

3.1 应用实验

为检验实验效果,在 project 5 中设计了多个任务,分别实现实时任务和分时任务,其运行效果如图 3-1-1 所示。

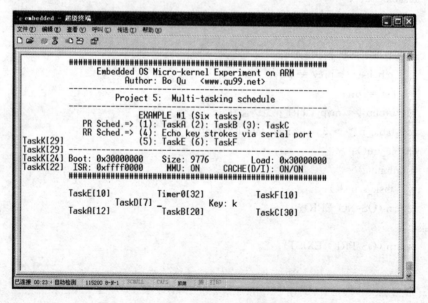

图 3-1-1 嵌入式操作系统内核的运行实例

其中,Timer0 为定时器 0,每秒显示一次;TaskA、TaskB 和 TaskC 是实时任务;TaskD 是分时任务,一方面定时显示其剩余时间片,另一方面可接收超级终端的按键,显示键值;TaskE 和 TaskF 也都是分时任务。值得一提的是 TaskK,每当在超级终端按下 ECS 键时,会动态创建一个新任务,每秒显示一次,30 秒后自动终止。运行代码如下列组图。

```
void app_task(void)
{
    task_init();
    task_create(Task0, (void * )0, (void * )&TaskStk[0][TASK_STK_SIZE - 1], 3);
    task_create(Task1, (void * )0, (void * )&TaskStk[1][TASK_STK_SIZE - 1], 5);
    task_create(Task2, (void * )0, (void * )&TaskStk[2][TASK_STK_SIZE - 1], 50);
    task_create(Task3,(void * )0,(void * )&TaskStk[3][TASK_STK_SIZE-1],OS_LO_PRIO);
    task_create(Task4,(void * )0,(void * )&TaskStk[4][TASK_STK_SIZE-1], OS_LO_PRIO);
    task_create(Task5,(void * )0,(void * )&TaskStk[5][TASK_STK_SIZE-1], OS_LO_PRIO);
    task_start();                              / * Start multitasking * /
}
```

图 3 - 1 - 2　创建多任务的代码

```
void Task0 (void * data)
{
    int i;
    for (i = (int)data; cprintf("\033[18;11HTaskA[%d]", i++); time_delay(500))
        if (i % 10 == 0)
            disp_scr();
}


void Task1 (void * data)
{
    int i;
    for (i = (int)data; cprintf("\033[18;31HTaskB[%d]", i++); time_delay(300));
}


void Task2 (void * data)
{
    int i;
    for (i = (int)data; cprintf("\033[18;51HTaskC[%d]", i++); time_delay(200));
}
```

图 3 - 1 - 3　TaskA、TaskB 及 TaskC 的代码

```
void Task3 (void * data)
{
    unsigned char c;
    int i = 10, j = 0;

    data = data;
    while (1) {
        if (get_ticks() - j > 100) {
```

```
        cprintf("\033[17;21HTaskD[%d] ", cur_task->ticks); /* Display the task
number on the screen */
            j = get_ticks();
        }
        if (get_ch(&c))
            { cprintf("\033[17;46H%c",
            c); if (c == 0x1b) {
                disp_scr();
                hudelay(50);
                task_create(Taskk, (void *)i, (void *)&TaskStk[i][TASK_STK_SIZE - 1],
OS_LO_PRIO);
                i = 10 + (i % 10) + 1;
            }
        }
    }
}
```

图 3-1-4　TaskD 的代码

当超级终端键盘键值是可显示字符时,在超级终端上显示该字符;如果是 ESC 键,则创建一个新任务(新的 TaskK)。

```
void Task4 (void * data)
{
    for (; cprintf("\033[16;11HTaskE[%d] ", cur_task->ticks); milli_delay(500));
}

void Task5 (void * data)
{
    for (; cprintf("\033[16;51HTaskF[%d] ", cur_task->ticks); milli_delay(500));
}
```

图 3-1-5　TaskE 和 TaskF 的代码

```
void Taskk(void * data)
{
    int i = (int)data;
    for (i = (int)data; cprintf("\033[%d;1HTaskK[%d]", (int)data, i++); milli_delay(100))
        if (i == 30)
            task_exit();
}
```

图 3-1-6　TaskK 的代码

3.2　功 能 扩 展

本教程讲授的嵌入式系统内核具有结构简洁、可读性强、便于实现等优点。在此基础上还可以增加其他功能，使之功能更加全面。以下给出部分典型的参考项目。

一、任务间通信

使用同步消息传递机制（Rendezvous）实现任务间通信，是分时任务通信的一种常用方式，著名的 MINIX 操作系统就是采用这种方式作为进程间通信的主要途径。信号处理（Singling），这里指的是 POSIX 规范中的信号处理，是一种异步的任务间通信机制。

二、文件系统

现有多种可供嵌入式系统移植的开源文件系统源码，如 FatFS、EFSL、YafFS 等。移植现有开源文件系统是一种快捷实现文件系统的方法。

还可以自行设计程序，实现文件系统，如实现 MINIX 文件系统等。文件系统涉及存储介质，常用的文件系统存储介质有 Flash 存储器、SD 卡、U 盘、硬盘等。显然在移植或设计文件系统过程中要实现对存储介质的程序设计，很有实验价值。

三、TCP/IP 系统

与文件系统类似，可移植现有的开源系统，也可自行设计。一般来说，至少要实现 TCP/IP 协议的主要功能，如 ARP、ICMP、IP、TCP、UDP 等。

四、网络应用系统

在 TCP/IP 协议基础上，实现网络应用系统，如简单 Web 服务、CGI 功能、TFTP、FTP 等。

```
##################################################################################
# src/app/main.c
##################################################################################
 1: /* ================================================================= */
 2: /* Author: Qu Bo <qu99adm@126.com> <http://www.qu99.net> */
 3: /* ================================================================= */
 4: #include "includes.h"
 5:
 6: #define   TASK_STK_SIZE    1024              /* Size of each task's stacks (# of WORDs) */
 7: #define   NR_TASKS         30                /* Number of identical tasks */
 8:
 9: OS_STK   TaskStk[NR_TASKS][TASK_STK_SIZE] __attribute__((aligned(8)));      /* Tasks stacks */
10:
11: extern unsigned long _bootpc;
12:
13: void disp_info()
14: {
15:     char buff[256];
16:     int i;
17: #ifndef CONFIG_MMU_ON
18:     int j;
19: #endif
20:     i = sprintf(buff, "       Boot: 0x%08x", _bootpc);
21:     i += sprintf(buff + i, "    Size: %-9d", _bootsz);
22:     i += sprintf(buff + i, "    Load: 0x%08x\n", MLOAD_BASE);
23: #ifdef CONFIG_MMU_ON
24:     i += sprintf(buff + i, "             ISR: 0x%08x", VECTOR_VBASE);
25: #else
26:     j = _bootpc ? VECTOR_PBASE : 0;
27:     i += sprintf(buff + i, "             ISR: 0x%08x", j);
28: #endif
29:     i += sprintf(buff + i, "     MMU: ");
30: #ifdef CONFIG_MMU_ON
31:     i += sprintf(buff + i, "ON ");
32: #else
33:     i += sprintf(buff + i, "OFF");
34: #endif
35:     i += sprintf(buff + i, "    CACHE(D/I): ");
36: #ifdef CONFIG_CPU_D_CACHE_ON
37:     i += sprintf(buff + i, "ON");
38: #else
39:     i += sprintf(buff + i, "OFF");
40: #endif
41:     i += sprintf(buff + i, "/");
42: #ifdef CONFIG_CPU_I_CACHE_ON
43:     i += sprintf(buff + i, "ON");
44: #else
45:     i += sprintf(buff + i, "OFF");
46: #endif
47:     cprintf("%s\n", buff);
48: }
49:
50: void disp_scr()
51: {
52:     disable_irq();
53:     cprintf("\033[2J\r\n");
54:     cprintf("\033[2J\r\n");
55:     cprintf("\33[1;1H");
56:     cprintf("           ####################################################\r\n");
57:     cprintf("             Embedded OS Micro-kernel Experiment on ARM\r\n");
58:     cprintf("                  Author: Bo Qu   <www.qu99.net>\r\n");
59:     cprintf("           ----------------------------------------------------\r\n");
60:     cprintf("                  Project 5:  Multi-tasking schedule\r\n");
```

```
61:     cprintf("                    --------------------------------------------------------\n");
62:     cprintf("                                 EXAMPLE #1 (Six tasks)\n");
63:     cprintf("            PR Sched. => (1): TaskA (2): TaskB (3): TaskC\n");
64:     cprintf("            RR Sched. => (4): Echo key strokes via serial port\n");
65:     cprintf("                         (5): TaskE (6): TaskF\n");
66:     cprintf("                    --------------------------------------------------------\r\n");
67:     disp_info();
68:     cprintf("            ########################################################\r\n");
69:     cprintf("\033[17;41HKey:");
70:     enable_irq();
71: }
72:
73: void Taskk(void *data)
74: {
75:     int i = (int)data;
76:     for (i = (int)data; cprintf("\033[%d;1HTaskK[%d]", (int)data, i++); milli_delay(100))
77:         if (i == 30)
78:             task_exit();
79: }
80:
81: void Task0 (void *data)
82: {
83:     int i;
84:     for (i = (int)data; cprintf("\033[18;11HTaskA[%d]", i++); time_delay(500))
85:         if (i % 10 == 0)
86:             disp_scr();
87: }
88:
89: void Task1 (void *data)
90: {
91:     int i;
92:     for (i = (int)data; cprintf("\033[18;31HTaskB[%d]", i++); time_delay(300));
93: }
94:
95: void Task2 (void *data)
96: {
97:     int i;
98:     for (i = (int)data; cprintf("\033[18;51HTaskC[%d]", i++); time_delay(200));
99: }
100:
101: void Task3 (void *data)
102: {
103:     unsigned char c;
104:     int i = 10, j = 0;
105:
106:     data = data;
107:     while (1) {
108:         if (get_ticks() - j > 100) {
109:             cprintf("\033[17;21HTaskD[%d] ", cur_task->ticks); /* Display the task number */
110:             j = get_ticks();
111:         }
112:         if (get_ch(&c)) {
113:             cprintf("\033[17;46H%c", c);
114:             if (c == 0x1b) {
115:                 disp_scr();
116:                 hudelay(50);
117:                 task_create(Taskk, (void *)i, (void *)&TaskStk[i][TASK_STK_SIZE-1], OS_LO_PRIO);
118:                 i = 10 + (i % 10) + 1;
119:             }
120:         }
121:     }
122: }
123:
124: void Task4 (void *data)
125: {
126:     for (; cprintf("\033[16;11HTaskE[%d] ", cur_task->ticks); milli_delay(500));
127: }
128:
129: void Task5 (void *data)
130: {
131:     for (; cprintf("\033[16;51HTaskF[%d] ", cur_task->ticks); milli_delay(500));
132: }
133:
134: void app_task(void)
135: {
```

```
136:        task_init();
137:        task_create(Task0,  (void *)0,  (void *)&TaskStk[0][TASK_STK_SIZE - 1],  3);
138:        task_create(Task1,  (void *)0,  (void *)&TaskStk[1][TASK_STK_SIZE - 1],  5);
139:        task_create(Task2,  (void *)0,  (void *)&TaskStk[2][TASK_STK_SIZE - 1],  50);
140:        task_create(Task3,  (void *)0,  (void *)&TaskStk[3][TASK_STK_SIZE - 1],  OS_LO_PRIO);
141:        task_create(Task4,  (void *)0,  (void *)&TaskStk[4][TASK_STK_SIZE - 1],  OS_LO_PRIO);
142:        task_create(Task5,  (void *)0,  (void *)&TaskStk[5][TASK_STK_SIZE - 1],  OS_LO_PRIO);
143:        task_start();                              /* Start multitasking */
144: }
145:
146: int main()
147: {
148:        disp_scr();
149:        app_task();
150:        return 0;
151: }
```

```
###############################################################################
# src/app/Makefile
###############################################################################
 1: #===========================================================================
 2: # /* Author: Qu Bo <qu99adm@126.com> <http://www.qu99.net> */
 3: #===========================================================================
 4: include    ../Makefile.in
 5:
 6: OBJS = main.o util.o
 7:
 8: app.o: $(OBJS)
 9:        $(LD) $(LDFLAGS) -o $@  $^
10:
11: clean:
12:        rm -f core *.o *.a *.elf tmp_make
13:        for i in *.c;do rm -f `basename $$i .c .s;done
```

```
###############################################################################
# src/app/util.c
###############################################################################
 1: /* ========================================================================= */
 2: /* Author: Qu Bo <qu99adm@126.com> <http://www.qu99.net> */
 3: /* ========================================================================= */
 4: #include <includes.h>
 5:
 6: #define ALEN sizeof(int)
 7:
 8: static char *a2w(char *s, int *w)
 9: {
10:        for (*w = 0; *s >= '0' && *s <= '9'; *w = *w * 10 + ((*s ++) - '0'));
11:        return s;
12: }
13:
14: static void n2a(char *buff, unsigned i, unsigned base, char a)
15: {
16:        char ch, *p = buff;
17:        while (*p ++ = (ch=(i%base)) + (ch > 9 ? (0x37 + a) : 0x30), i/=base);
18:        for (*p -- = '\0'; buff < p; ch = *buff, *buff ++ = *p, *p -- = ch);
19: }
20:
21: /*==========================================================================
22:  * format: %[-][width][.precision][type], type: d,u,b,o,x,X,c,s
23:  *=========================================================================*/
24: int vsprintf(char *buff, const char *fmt, va_list args)
25: {
26:        int i, width, prec, preclen, len;
27:        char str[12], *p = buff, *fptr, *sptr, ch, right, pad, sign;
28:
29:        while ((ch = *fmt ++)) {
30:            if (ch != '%') {
31:                *p ++ = ch;
32:                continue;
33:            }
34:            if (*fmt == '%') {
35:                *p ++ = *fmt ++;
36:                continue;
37:            }
38:            fptr = (char *)fmt;
```

```
39:              if (*fptr == '-') {
40:                  right = 0;
41:                  ++ fptr;
42:              } else {
43:                  right = 1;
44:              }
45:              if (*fptr == '0') {
46:                  pad = right ? '0' : ' ';
47:                  ++ fptr;
48:              } else {
49:                  pad=' ';
50:              }
51:              if ((i = a2w(fptr, &width) - fptr) >= 0)
52:                  fptr += i;
53:              else
54:                  continue;
55:              if (*fptr == '.') {
56:                  if ((preclen = a2w(++fptr, &prec) - fptr) >= 0)
57:                      fptr += preclen;
58:                  else continue;
59:              } else {
60:                  preclen = 0;
61:              }
62:              sptr = str;
63:              ch = *fptr ++;
64:              i = *(unsigned *)args;
65:              args += ALEN;
66:              sign = (ch == 'd' && i < 0) ? 1 : 0;
67:              if (ch == 'd') {
68:                  n2a(str, sign ? -i : i, 10, 0);
69:              } else if (ch == 'u' || ch == 'b' || ch == 'o') {
70:                  n2a(str, i, (ch == 'b') ? 2 : ((ch == 'o') ? 8 : 10), 0);
71:              } else if (ch == 'x' || ch == 'X') {
72:                  n2a(str, i, 16, (char)(ch & 0x20));
73:              } else if (ch =='c') {
74:                  str[0] = i, str[1] = '\0';
75:              } else if (ch == 's') {
76:                  sptr = (char *)i;
77:              } else {
78:                  continue;
79:              }
80:              fmt = fptr;
81:              for (len = -1; sptr[++len]; );
82:              if ((ch == 's') && (len>prec) && (preclen>0))
83:                  len = prec;
84:              if (sign)
85:                  *p ++ = '-';
86:              if (right)
87:                  for (; (width --) - len > 0; *p ++ = pad);
88:              for (; len > 0 ; *p ++ = *sptr ++, len --, width --);
89:              if (!right)
90:                  for (; (width --) - len > 0; *p ++ = pad);
91:          }
92:      *p = '\0';
93:      return p - buff;
94: }
95:
96: int sprintf(char *buff, const char *fmt, ...)
97: {
98:      va_list arg = (va_list)((char*)(&fmt) + 4);
99:      return vsprintf(buff, fmt, arg);
100: }
101:
102: void hudelay(int time)
103: {
104:      static int delayLoopCount = 100;
105:      int i, adjust = 0;
106:
107:      if (time == 0) {
108:          time = adjust = 200;
109:          delayLoopCount = 400;
110:          //PCLK/1M, Watch-dog disable, 1/64, interrupt disable, reset disable
111:          rWTCON = ((PCLK/1000000-1)<<8)|(2<<3);
112:          rWTDAT = 0xffff;                        //for first update
113:          rWTCNT = 0xffff;                        //resolution=64us @any PCLK
```

```
114:        rWTCON = ((PCLK/1000000-1)<<8)|(2<<3)|(1<<5); //Watch-dog timer start
115:    }
116:    for (; time > 0; time--)
117:        for (i = 0; i < delayLoopCount; i++);
118:    if (adjust) {
119:        rWTCON = ((PCLK/1000000-1)<<8)|(2<<3);       //Watch-dog timer stop
120:        i = 0xffff - rWTCNT;                          // lcount->64us, 200*400 cycle runtime = 64*i us
121:        delayLoopCount = 8000000/(i*64);             //200*400:64*i=1*x:100 -> x=80000*100/(64*i)
122:    }
123: }
124:
125: void memcpy(void *dst, const void *src, int size)
126: {
127:     unsigned char *d = dst;
128:     const unsigned char *s = src;
129:     for (; size -- > 0; *d ++ = *s ++);
130: }
131:
132: void memset(void *cs, char c, int size)
133: {
134:     unsigned char *s = cs;
135:     for (; size -- > 0; *s ++ = c);
136: }
137:
138: int strlen(const char * str)
139: {
140:     char * t = (char *)str - 1;
141:     while (* ++ t) ;
142:     return (t - str);
143: }
144:
145: char * strcpy(char * dst, const char *src)
146: {
147:     char * d = dst;
148:     while ((* dst ++ = * src ++)) ;
149:     return d;
150: }
151:
152: int strcmp(const char * cs, const char * ct)
153: {
154:     while(* cs == * ct) {
155:         if(* cs == '\0')
156:             return 0;
157:         cs ++, ct ++;
158:     }
159:     return (cs - ct);
160: }
```

```
################################################################################
# src/arch/arch.lds
################################################################################
 1: SECTIONS {
 2:     . = 0x30000000;
 3:     _boot_start = .;
 4:     .text : { *(.text) }
 5:     . = ALIGN(32);
 6:     .data : { *(ARM.attributes) *(.rodata) *(.rodata.str1.4) *(.data) }
 7:     _boot_size = (. - _boot_start);
 8:     . = ALIGN(32);
 9:     _fbss = .;
10:     .bss : { *(.bss) *(COMMON) }
11:     _fbssend = .;
12:     _end = .;
13:     end = .;
14: }
15:
```

```
################################################################################
# src/arch/head.s
################################################################################
 1: @ ==============================================================================
 2: @ /* Author: Qu Bo <qu99adm@126.com> <http://www.qu99.net> */
 3: @ ==============================================================================
 4: .include "asm/kasm.inc"
 5: @ ==============================================================================
```

```
 6: .text
 7: .globl _start, _bootpc, _bootsz
 8: .globl ISR_UNDEF, ISR_SWI, ISR_PABORT, ISR_DABORT, ISR_IRQ, ISR_FIQ
 9: @ =================================================================
10: _start:
11:      b     hISR_RESET
12:      ldr   pc, =hISR_UNDEF
13:      ldr   pc, =hISR_SWI
14:      ldr   pc, =hISR_PABORT
15:      ldr   pc, =hISR_DABORT
16:      b                    @ handler Reserved
17:      ldr   pc, =hISR_IRQ
18:      ldr   pc, =hISR_FIQ
19: @ -----------------------------------------------------------------
20: .macro    HPTR   $Handle_Ptr
21:      sub   sp,  sp, #4
22:      stmfd sp!, {r0}
23:      ldr   r0, =\$Handle_Ptr
24:      ldr   r0, [r0]
25:      str   r0, [sp,#4]
26:      ldmfd sp!, {r0, pc}
27: .endm
28: @ -----------------------------------------------------------------
29: hISR_UNDEF:     HPTR    pISR_UNDEF
30: hISR_SWI:       HPTR    pISR_SWI
31: hISR_PABORT:    HPTR    pISR_PABORT
32: hISR_DABORT:    HPTR    pISR_DABORT
33: hISR_IRQ:       HPTR    pISR_IRQ
34: hISR_FIQ:       HPTR    pISR_FIQ
35: @ =================================================================
36: .macro    ISR    $Handler_ISR
37:      sub   lr, lr, #4
38:      stmfd sp!, {r0-r3, r12, lr}
39:      bl    \$Handler_ISR
40:      ldmfd sp!, {r0-r3, r12, pc}
41: .endm
42: @ =================================================================
43: ISR_UNDEF:      ISR    handler_undef
44: ISR_SWI:        ISR    handler_swi
45: ISR_PABORT:     ISR    handler_pabort
46: ISR_DABORT:     ISR    handler_dabort
47: ISR_IRQ:        ISR    handler_irq
48: ISR_FIQ:        ISR    handler_fiq
49: @ =================================================================
50: hISR_RESET:
51:      mov   r0, #WTCON          @ watch dog disable
52:      ldr   r1, =0x0
53:      str   r1, [r0]
54:      adr   r0, _mrdata         @ Set memory control registers
55:      mov   r1, #BWSCON         @ BWSCON Address
56:      add   r2, r0, #52         @ End address of _mrdata
57: 1:   ldr   r3, [r0], #4
58:      str   r3, [r1], #4
59:      cmp   r2, r0
60:      bne   1b
61:
62:      msr   cpsr_c, #UND_Mode | NOINT
63:      ldr   sp, =UND_Stack     @ Undef mode
64:      msr   cpsr_c, #ABT_Mode | NOINT
65:      ldr   sp, =ABT_Stack      @ Abort mode
66:      msr   cpsr_c, #IRQ_Mode | NOINT
67:      ldr   sp, =IRQ_Stack      @ IRQMode
68:      msr   cpsr_c, #FIQ_Mode | NOINT
69:      ldr   sp, =FIQ_Stack      @ FIQMode
70:      msr   cpsr_c, #SVC_Mode | NOINT
71:      ldr   sp, =SVC_Stack      @ SVCMode
72:      msr   cpsr_c, #SYS_Mode
73:      ldr   sp, =SYS_Stack      @ SVCMode
74:
75:      bl    init_board
76:      ldr   r0, = _boot_start   @ argument 1
77:      adr   r1, _start
78:      ldr   r2, =_boot_size        @ argument 3
79:      bl    code_move          @ copy the code from steppingstone
80:      adr   r1, _start
```

```
81:    ldr    pc, =on_sdram        @ jump into SDRAM
82: on_sdram:
83:    ldr    r2, =_bootpc
84:    str    r1, [r2]
85:    ldr    r1, =_boot_size
86:    ldr    r2, =_bootsz
87:    str    r1, [r2]
88:    bl     do_mmu
89:    bl     init_zero
90:    bl     do_start
91:    bl     main             @ C Entry
92: loop:    b    loop
93: @ ================================================================
94: _bootpc:    .long    _start
95: _bootsz:    .long    0
96: @ ================================================================
97: init_zero:
98:    ldr    r3, =_fbss
99:    ldr    r1, =_fbssend        @ Top of zero init segment
100:   mov    r2, #0
101: 1:  cmp   r3, r1            @ Zero init
102:   strcc  r2, [r3],#4
103:   bcc    1b
104:   mov    pc, lr
105: @ ================================================================
106: _mrdata:.long 0x22111110;          @ BWSCON
107:    .long 0x00000700;        @ BANKCON0
108:    .long 0x00000700;        @ BANKCON1
109:    .long 0x00000700;        @ BANKCON2
110:    .long 0x00000700;        @ BANKCON3
111:    .long 0x00000700;        @ BANKCON4
112:    .long 0x00000700;        @ BANKCON5
113:    .long 0x00018005;        @ BANKCON6
114:    .long 0x00018005;        @ BANKCON7
115:    .long 0x008e04eb;        @ REFRESH
116:    .long 0x000000b2;        @ BANKSIZE
117:    .long 0x00000030;        @ MRSRB6
118:    .long 0x00000030;        @ MRSRB7
119: @ ================================================================
120: .globl MMU_Init,MMU_SetMTBase,MMU_SetCtrReg
121: @ ================================================================
122: @ void MMU_Init(void)
123: MMU_Init:
124:   mov    r0, #0
125:   mcr    p15, 0, r0, c7, c7, 0    @ invalidate I,D caches on v4
126:   mcr    p15, 0, r0, c7, c10, 4   @ drain write buffer on v4
127:   mcr    p15, 0, r0, c8, c7, 0    @ invalidate I,D TLBs on v4
128:   @ Write domain id (cp15_r3)
129:   mvn    r0, #0            @ Domains 0, 1 = client
130:   mcr    p15, 0, r0, c3, c0, 0    @ load domain access register
131:   mov pc, lr
132: @ ================================================================
133: @ void MMU_SetMTBase(int base)
134: MMU_SetMTBase:
135:   mcr    p15, 0, r0, c2, c0, 0    @ r0=TTBase
136:   mov    pc, lr
137: @ ================================================================
138: @ void MMU_SetCtrReg(u32 flag)
139: MMU_SetCtrReg:
140:   mov    r2, r0            @ r0=flag
141:   mrc    p15, 0, r0, c1, c0, 0
142:   ldr    r1, =0x3384
143:   bic    r0, r0, r1
144:   orr    r0, r0, r2
145:   mcr    p15, 0, r0, c1, c0, 0
146:   mov    pc, lr
147: @ ================================================================

###############################################################################
# src/arch/init.c
###############################################################################
1: /* ========================================================= */
2: /* Author: Qu Bo <qu99adm@126.com> <http://www.qu99.net> */
3: /* ========================================================= */
4: #include <includes.h>
```

```
 5:
 6: #define TACLS        0      // 1-clk(0ns)
 7: #define TWRPH0       6      // 3-clk(25ns)
 8: #define TWRPH1       0      // 1-clk(10ns)   //TACLS+TWRPH0+TWRPH1>=50ns
 9:
10: void nf_reset(void)
11: {
12:     volatile int i;
13:
14:     rNFCONT &= ~(1 << 1);
15:     rNFSTAT |= (1 << 2);
16:     for (i = 0; i < 10; i ++);
17:     rNFCMD = 0xFF;     //reset command
18:     while(!(rNFSTAT & (1 << 2)));
19:     rNFCONT |= (1 << 1);
20:
21: }
22:
23: int nf_check_id()
24: {
25:     int i;
26:     unsigned char mid, did, dum, id4th;
27:
28:     rNFCONT &= ~(1 << 1);
29:      rNFCMD = 0x90;
30:     rNFADDR = 0x0;
31:     for (i = 0; i < 100; i ++);
32:     mid = rNFDATA8;
33:     did = rNFDATA8;
34:     dum = rNFDATA8;
35:     id4th = rNFDATA8;
36:     rNFCONT |= (1 << 1);
37:     switch(did) {
38:     case 0x76:
39:         return 0;
40:     case 0xF1: case 0xD3: case 0xDA: case 0xDC:
41:         return 1;
42:     default:
43:         break;
44:     }
45:     return -1;
46: }
47:
48: int nf_init(void)
49: {
50:     rNFCONF = (TACLS<<12)|(TWRPH0<<8)|(TWRPH1<<4)|(0<<0);
51:     rNFCONT = (0<<13)|(0<<12)|(0<<10)|(0<<9)|(0<<8)|(0<<6)|(0<<5)|(1<<4)|(1<<1)|(1<<0);
52:     rNFSTAT = 0;
53:     nf_reset();
54:     return nf_check_id();
55: }
56:
57: #define NAND_SECT_SIZE    512
58: #define NAND_BLK_MASK     (NAND_SECT_SIZE - 1)
59: void nand2ram(unsigned char *buf, unsigned start_addr, unsigned size)
60: {
61:     unsigned page, data_addr;
62:     int i, bflag = nf_init();
63:     unsigned sect = start_addr / NAND_SECT_SIZE;
64:     unsigned stop = (size + NAND_BLK_MASK) / NAND_SECT_SIZE + sect;
65:
66:     if (bflag < 0 || (unsigned)buf == start_addr)
67:         return;
68:     for ( ; sect < stop; sect ++, buf += NAND_SECT_SIZE) {
69:         nf_reset();
70:         rNFCONT &= ~(1 << 1);
71:         rNFSTAT |= (1 << 2);
72:         rNFCMD = 0x00;
73:         if (bflag) {
74:             page = sect / 4;
75:             data_addr = 512 * (sect % 4);
76:             rNFADDR = data_addr & 0xff;
77:             rNFADDR = (data_addr >> 8) & 0xff;
78:             rNFADDR = page & 0xff;
79:             rNFADDR = (page >> 8) & 0xff;
```

```
80:            rNFADDR = (page >> 16) & 0xff;
81:            rNFCMD = 0x30;
82:        } else {
83:            rNFADDR = 0x00;
84:            rNFADDR = sect & 0xff;
85:            rNFADDR = (sect >> 8) & 0xff;
86:            rNFADDR = (sect >> 16) & 0xff;
87:        }
88:        while (!(rNFSTAT & (1 << 2)));
89:        for (i = 0; i < 512; i++)
90:            buf[i] = rNFDATA8;
91:        rNFCONT |= (1 << 1);
92:    }
93: }
94:
95: #define S3C2440_MPLL_400MHZ      ((0x7f<<12)|(0x02<<4)|(0x01))
96: void init_clock(void)
97: {
98:     rCLKDIVN = 0x05;            // FCLK:HCLK:PCLK=1:4:8, HDIVN1=1, HDIVN=0, PDIVN=1
99:     rMPLLCON = S3C2440_MPLL_400MHZ;    // FCLK=400MHz, HCLK=100MHz, PCLK=50MHz
100:    rTCFG0=0x0ffa;              // timer 0,1,2,3,4 16 prescaler
101:    rTCFG1=0x11111;             // timer 0,1,2,3,4 1/4 divider
102: }
103:
104: static void init_gpio(void)
105: {
106:    rGPFCON = 0x000055aa;
107:    rGPFUP  = 0x000000ff;
108:    rGPHCON = 0x0016faaa;
109:    rGPHUP  = 0x000007ff;
110: }
111:
112: void init_board(void)
113: {
114:    init_gpio();
115:    init_clock();
116: }
117:
118: void code_move(unsigned char *buf, unsigned long start_addr, int size)
119: {
120:    if (NOT_NAND_FLASH)
121:        memcpy(buf, (void *)start_addr, size);
122:    else
123:        nand2ram(buf, start_addr, size);
124: }
125:
126: void handler_undef(void)
127: {
128:    printk("\n### Undefined instruction exception ###\n");
129:    while(1);
130: }
131:
132: void handler_swi(void)
133: {
134:    printk("\n### SWI exception ###\n");
135:    while(1);
136: }
137:
138: void handler_pabort()
139: {
140:    printk("\n### Pabort exception ###\n");
141:    while(1);
142: }
143:
144: void handler_dabort(void)
145: {
146:    printk("\n### Dabort exception ###\n");
147:    while(1);
148: }
149:
150: void handler_irq(void)
151: {
152:    ((void(*)(void))(*((unsigned long *)(aISR_EINT0+(rINTOFFSET<<2)))))();
153: }
154:
```

```
155: void handler_fiq(void)
156: {
157:     printk("\n### FIQ exception ###\n");
158:     while(1);
159: }
160:
161: static void irq_timer0()
162: {
163:     static int cnt = 0;
164:
165:     printk("\033[16;30HTimer0[%d]", cnt++);
166:     rSRCPND = BIT_TIMER0;
167:     rINTPND = rINTPND;
168:
169: }
170:
171: static void init_timer0()
172: {
173:     rINTMSK &= (~BIT_TIMER0);        // Enable TIMER0 interrupt
174:     pISR_TIMER0 = (unsigned int)irq_timer0;
175:     rTCMPB0 = 0x0000;               // Set timer0
176:     rTCNTB0 = 50*1000;              // Time is 0.5 second
177:     rTCON = TIMER_UPDATE;           // Update timer data
178:     rTCON = TIMER_START;            // Start timer
179: }
180:
181: static void init_irq( )
182: {
183:     pISR_UNDEF = (unsigned long)ISR_UNDEF;
184:     pISR_SWI   = (unsigned long)ISR_SWI;
185:     pISR_PABORT= (unsigned long)ISR_PABORT;
186:     pISR_DABORT= (unsigned long)ISR_DABORT;
187:     pISR_IRQ   = (unsigned long)ISR_IRQ;
188:     pISR_FIQ   = (unsigned long)ISR_FIQ;
189:     rINTMSK = BIT_ALLMSK;              // Disable all interrupts (controler)
190:     rINTSUBMSK = BIT_SUB_ALLMSK;
191:     rSRCPND = BIT_ALLMSK;             // Disable interrupt source flag
192:     rINTPND = BIT_ALLMSK;             // Disable IRQ interrupt flag
193:     rPRIORITY  = 0x00000000;          // Use default priority
194:     rINTMOD    = 0x0;                 // All=IRQ mode
195: }
196:
197: extern void SWI_Handler(void);
198: void do_start()
199: {
200:     uart_select(0);
201:     uart_init();
202:     init_irq();
203:     init_timer0();
204:     pISR_SWI = (u32)SWI_Handler;
205: }
```

```
###################################################################################
# src/arch/Makefile
###################################################################################
 1: #=========================================================================
 2: # /* Author: Qu Bo <qu99adm@126.com> <http://www.qu99.net> */
 3: #=========================================================================
 4: include    ../Makefile.in
 5:
 6: OBJS = head.o init.o mmu.o
 7:
 8: arch.o: $(OBJS)
 9:     $(LD) $(LDFLAGS) -o $@  $^
10:
11: clean:
12:     rm -f core *.o *.a *.elf tmp_make
13:     for i in *.c;do rm -f `basename $$i .c`.s;done
```

```
###################################################################################
# src/arch/mmu.c
###################################################################################
 1: /* ======================================================================= */
 2: /* Author: Qu Bo <qu99adm@126.com> <http://www.qu99.net> */
 3: /* ======================================================================= */
```

```
 4: #include "includes.h"
 5:
 6: static unsigned long *mmu_tbl_base = (unsigned long *)MMUTB_BASE;
 7:
 8: static inline void mmu_map(void)
 9: {
10:     unsigned long pageoffset, sectionNumber;
11:
12:     for (sectionNumber = 0; sectionNumber < 4096; sectionNumber++) {
13:         pageoffset = (sectionNumber << 20);
14:         *(mmu_tbl_base + (pageoffset >> 20)) = pageoffset | MMU_SECDESC;
15:     }
16:     /* make dram cacheable */
17:     for (pageoffset = SDRAM_BASE; pageoffset < SDRAM_TOP1; pageoffset += 0x00100000) {
18:         *(mmu_tbl_base + (pageoffset >> 20)) = pageoffset | MMU_SECDESC | MMU_CACHEABLE;
19:     }
20:     /*exception vector*/
21: #ifdef CONFIG_HIGH_VECTOR_ON
22:     *(mmu_tbl_base+(VECTOR_VBASE>>20)) = (VECTOR_PBASE) | MMU_SECDESC;
23: #else
24:     if (_bootpc)    /* map the interrupt vector address to 0 if boot from sdram */
25:         *(mmu_tbl_base+0) = MLOAD_BASE | MMU_SECDESC;
26: #endif
27: }
28:
29: void do_mmu(void)
30: {
31: #ifdef CONFIG_MMU_ON
32:     u32    flag = 0;
33:
34:     flag |= (1<< 0);        /* enable MMU */
35: #ifdef CONFIG_CPU_D_CACHE_ON
36:     flag |= (1<< 2);
37: #endif
38: #ifdef CONFIG_CPU_I_CACHE_ON
39:     flag |= (1<< 12);
40: #endif
41: #ifdef CONFIG_HIGH_VECTOR_ON
42:     flag |= (1<< 13);
43:     memcpy((unsigned char*)(VECTOR_PBASE+0xf0000), (unsigned char *)MLOAD_BASE, 1024);
44: #endif
45:     MMU_Init();
46:     MMU_SetMTBase(MMUTB_BASE);
47:     mmu_map();
48:     MMU_SetCtrReg(flag);
49: #else
50:     if (_bootpc)
51:         memcpy((void *)VECTOR_PBASE, (void *)_bootpc, 1024);
52: #endif
53: }

##############################################################################
# src/dev/Makefile
##############################################################################
 1: #============================================================================
 2: # /* Author: Qu Bo <qu99adm@126.com> <http://www.qu99.net> */
 3: #============================================================================
 4: include    ../Makefile.in
 5:
 6: OBJS = uart.o
 7:
 8: dev.o: $(OBJS)
 9:     $(LD) $(LDFLAGS) -o $@ $^
10:
11: clean:
12:     rm -f core *.o *.a *.elf tmp_make
13:     for i in *.c;do rm -f `basename $$i .c`.s;done

##############################################################################
# src/dev/uart.c
##############################################################################
 1: /* ======================================================================= */
 2: /* Author: Qu Bo <qu99adm@126.com> <http://www.qu99.net> */
 3: /* ======================================================================= */
 4: #include "includes.h"
```

```
 5:
 6: static int wUart = 0;
 7:
 8: S_UART *p_uart[3] = {(S_UART *)pUART0, (S_UART *)pUART1, (S_UART *)pUART2};
 9:
10: void uart_select(int wCh)
11: {
12:     wUart = wCh;
13: }
14:
15: void uart_init(void)
16: {
17:     p_uart[wUart]->rUFCON = (3<<6)|(3<<4)|(1<<2)|(1<<1)|(1<<0);//UART 0 FIFO control register
18:     p_uart[wUart]->rUMCON = 0;
19:     p_uart[wUart]->rULCON = 0x3;    //Line control register : Normal,No parity,1 stop,8 bits
20:     p_uart[wUart]->rUCON = 0x245; // Control register
21:     p_uart[wUart]->rUBRDIV=( (int)(PCLK/16./UART_BPS+0.5) -1 );//Baud rate divisior register 0
22:     hudelay(0);
23: }
24:
25: char uart_getchar(void)
26: {
27:     while (!(p_uart[wUart]->rUFSTAT & UFSTAT_RX_MASK)); //Receive data ready
28:     return p_uart[wUart]->rURXH;
29: }
30:
31: char uart_getch(char * pch)
32: {
33:     if (p_uart[wUart]->rUFSTAT & UFSTAT_RX_MASK) {
34:         *pch = p_uart[wUart]->rURXH;
35:         return 1;
36:     }
37:     return 0;
38: }
39:
40: void uart_gets(char *str)
41: {
42:     char *p = str;
43:     char ch;
44:
45:     while((ch = uart_getchar()) != '\r')
46:     {
47:         if (ch == '\b') {
48:             if (p < str) {
49:                 uart_puts("\b \b");
50:                 str--;
51:             }
52:         } else {
53:             *p ++ = ch;
54:             uart_putchar(ch);
55:         }
56:     }
57:     *str='\0';
58:     uart_putchar('\n');
59: }
60:
61: void uart_putch(char ch)
62: {
63:     while (p_uart[wUart]->rUFSTAT & UFSTAT_TX_FULL); //Wait until THR is empty.
64:     hudelay(5);
65:     p_uart[wUart]->rUTXH = ch;
66: }
67:
68: void uart_putchar(char ch)
69: {
70:     if (ch == '\n')
71:         uart_putch('\r');
72:     uart_putch(ch);
73: }
74:
75: void uart_puts(char *str)
76: {
77:     while (*str)
78:         uart_putchar(*str++);
79: }
```

```
80:
81: void uart_printf(char *fmt,...)
82: {
83:     va_list ap = (va_list)((char*)(&fmt) + 4);
84:     char str[256];
85:
86:     vsprintf(str, fmt, ap);
87:     uart_puts(str);
88: }
```

```
################################################################################
# src/include/asm/kasm.inc
################################################################################
 1: @ ============================================================================
 2: @ /* Author: Qu Bo <qu99adm@126.com> <http://www.qu99.net> */
 3: @ ============================================================================
 4: SDRAM_TOP0    = 0x33f00000
 5: STK_BOTTOM    = (SDRAM_TOP0 - 0x4000)
 6: @ ============================================================================
 7: USR_Mode     = 0x10
 8: FIQ_Mode     = 0x11
 9: IRQ_Mode     = 0x12
10: SVC_Mode     = 0x13
11: ABT_Mode     = 0x17
12: UND_Mode     = 0x1B
13: SYS_Mode     = 0x1F
14: MODEMASK     = 0x1F
15: NOINT        = 0xC0
16: @ ============================================================================
17: USR_Size     = 0x00
18: FIQ_Size     = 0x400
19: IRQ_Size     = 0x400
20: SVC_Size     = 0x1000
21: ABT_Size     = 0x400
22: UND_Size     = 0x400
23: SYS_Size     = 0x1000
24: STK_SIZE     = (FIQ_Size + IRQ_Size + SVC_Size + ABT_Size + UND_Size + SYS_Size)
25: STK_SADDR    = STK_BOTTOM - STK_SIZE
26: @ ============================================================================
27: FIQ_Stack    = (STK_SADDR + FIQ_Size)
28: IRQ_Stack    = (FIQ_Stack + IRQ_Size)
29: SVC_Stack    = (IRQ_Stack + SVC_Size)
30: ABT_Stack    = (SVC_Stack + ABT_Size)
31: UND_Stack    = (ABT_Stack + UND_Size)
32: SYS_Stack    = (UND_Stack + SYS_Size)
33: USR_Stack    = SYS_Stack
34: @ ============================================================================
35: ISR_BADDR     = 0x33ffff00
36: pISR_RESET    = (ISR_BADDR+0x0)
37: pISR_UNDEF    = (ISR_BADDR+0x4)
38: pISR_SWI      = (ISR_BADDR+0x8)
39: pISR_PABORT   = (ISR_BADDR+0xc)
40: pISR_DABORT   = (ISR_BADDR+0x10)
41: pISR_RESERVED = (ISR_BADDR+0x14)
42: pISR_IRQ      = (ISR_BADDR+0x18)
43: pISR_FIQ      = (ISR_BADDR+0x1c)
44: @ ============================================================================
45: WTCON        = 0x53000000        @ Watch-dog timer mode
46: BWSCON       = 0x48000000        @ Bus width & wait status
47: @ ============================================================================
```

```
################################################################################
# src/include/com/config.h
################################################################################
 1: /* ======================================================================= */
 2: /* Author: Qu Bo <qu99adm@126.com> <http://www.qu99.net> */
 3: /* ======================================================================= */
 4: #ifndef __S3C2410_H__
 5: #define __S3C2410_H__
 6:
 7: #define MLOAD_BASE    0x30000000
 8: #define SDRAM_SIZE    0x10000000
 9:
10: /* Processor memory map */
11: #define DRAM_BASE0    0x30000000
```

```
12: #define DRAM_BASE1      0x38000000
13:
14: #define SDRAM_BASE      DRAM_BASE0
15: #define SDRAM_TOP0      0x33f00000
16: #define SDRAM_TOP1      (SDRAM_BASE + SDRAM_SIZE)
17: #define MMUTB_BASE      (SDRAM_TOP0 - 0x4000)
18:
19: #define ISR_BADDR       0x33ffff00    /* ISR vector table start address */
20:
21: #define aISR_EINT0      (ISR_BADDR+0x20)
22:
23: #define MEM_CTL_BASE    0x48000000
24:
25: #endif
```

```
###############################################################################
# src/include/com/init.h
###############################################################################
 1: /* ========================================================================= */
 2: /* Author: Qu Bo <qu99adm@126.com> <http://www.qu99.net> */
 3: /* ========================================================================= */
 4: #ifndef __INIT_H__
 5: #define __INIT_H__
 6:
 7: /* uart */
 8: #define TIMER_UPDATE    (1<<1)
 9: #define TIMER_START     ((1<<0)|(1<<3))
10:
11: #define NOT_NAND_FLASH  (rBWSCON & 0x03)
12:
13: extern unsigned long _bootpc, _bootsz;
14:
15: extern void ISR_UNDEF(void);
16: extern void ISR_SWI(void);
17: extern void ISR_PABORT(void);
18: extern void ISR_DABORT(void);
19: extern void ISR_IRQ(void);
20: extern void ISR_FIQ(void);
21: extern void MMU_SetAsyncBusMode(void);
22:
23: extern void init_board();
24: extern void handler_undef(void);
25: extern void handler_swi(void);
26: extern void handler_pabort();
27: extern void handler_dabort(void);
28: extern void handler_irq(void);
29: extern void handler_fiq(void);
30: extern void code_move(unsigned char *buf, unsigned long start_addr, int size);
31: extern void do_init();
32:
33: #endif  /* __INIT_H__ */
```

```
###############################################################################
# src/include/com/mmu.h
###############################################################################
 1: /* ========================================================================= */
 2: /* Author: Qu Bo <qu99adm@126.com> <http://www.qu99.net> */
 3: /* ========================================================================= */
 4: #ifndef __MMU_H__
 5: #define __MMU_H__
 6:
 7: #define MMU_FULL_ACCESS      (3 << 10)    /* access permission bits */
 8: #define MMU_DOMAIN           (0 << 5)     /* domain control bits */
 9: #define MMU_SPECIAL          (1 << 4)     /* must be 1 */
10: #define MMU_CACHEABLE        (1 << 3)     /* cacheable */
11: #define MMU_BUFFERABLE       (1 << 2)     /* bufferable */
12: #define MMU_SECTION          (2) /* indicates that this is a section descriptor */
13: #define MMU_SECDESC          (MMU_FULL_ACCESS | MMU_DOMAIN | \
14:                  MMU_SPECIAL | MMU_SECTION)
15: #define MMU_SECTION_SIZE     0x00100000
16: #define      VECTOR_PBASE        0x33f00000
17:
18: void do_mmu(void);
19:
20: #define CONFIG_MMU_ON
```

```
21:
22: #ifdef CONFIG_MMU_ON
23: #define CONFIG_CPU_D_CACHE_ON
24: #define CONFIG_CPU_I_CACHE_ON
25: #define CONFIG_HIGH_VECTOR_ON
26: #endif
27:
28: #ifdef CONFIG_HIGH_VECTOR_ON
29: #define VECTOR_VBASE      0xffff0000
30: #else
31: #define VECTOR_VBASE      0x00000000
32: #endif
33:
34: extern void MMU_Init(void);
35: extern void MMU_SetMTBase(int base);
36: extern void MMU_SetCtrReg(u32 flag);
37:
38: #endif    /* __MMU_H__ */
```

```
##################################################################################
# src/include/com/s3c2440.h
##################################################################################
 1: /* ========================================================================== */
 2: /* Author: Qu Bo <qu99adm@126.com> <http://www.qu99.net> */
 3: /* ========================================================================== */
 4: #ifndef __S3C2440_H__
 5: #define __S3C2440_H__
 6:
 7: #ifdef __cplusplus
 8: extern "C" {
 9: #endif
10:
11:
12: #define MEM_CTL_BASE       0x48000000
13:
14: // Memory control
15: #define rBWSCON    (*(volatile unsigned *)0x48000000)    //Bus width & wait status
16: #define rBANKCON0  (*(volatile unsigned *)0x48000004)    //Boot ROM control
17: #define rBANKCON1  (*(volatile unsigned *)0x48000008)    //BANK1 control
18: #define rBANKCON2  (*(volatile unsigned *)0x4800000c)    //BANK2 cControl
19: #define rBANKCON3  (*(volatile unsigned *)0x48000010)    //BANK3 control
20: #define rBANKCON4  (*(volatile unsigned *)0x48000014)    //BANK4 control
21: #define rBANKCON5  (*(volatile unsigned *)0x48000018)    //BANK5 control
22: #define rBANKCON6  (*(volatile unsigned *)0x4800001c)    //BANK6 control
23: #define rBANKCON7  (*(volatile unsigned *)0x48000020)    //BANK7 control
24: #define rREFRESH   (*(volatile unsigned *)0x48000024)    //DRAM/SDRAM refresh
25: #define rBANKSIZE  (*(volatile unsigned *)0x48000028)    //Flexible Bank Size
26: #define rMRSRB6    (*(volatile unsigned *)0x4800002c)    //Mode register set for SDRAM
27: #define rMRSRB7    (*(volatile unsigned *)0x48000030)    //Mode register set for SDRAM
28:
29:
30: // USB Host
31:
32:
33: // INTERRUPT
34: #define rSRCPND    (*(volatile unsigned *)0x4a000000)    //Interrupt request status
35: #define rINTMOD    (*(volatile unsigned *)0x4a000004)    //Interrupt mode control
36: #define rINTMSK    (*(volatile unsigned *)0x4a000008)    //Interrupt mask control
37: #define rPRIORITY  (*(volatile unsigned *)0x4a00000c)    //IRQ priority control
38: #define rINTPND    (*(volatile unsigned *)0x4a000010)    //Interrupt request status
39: #define rINTOFFSET (*(volatile unsigned *)0x4a000014)    //Interruot request source offset
40: #define rSUBSRCPND (*(volatile unsigned *)0x4a000018)    //Sub source pending
41: #define rINTSUBMSK (*(volatile unsigned *)0x4a00001c)    //Interrupt sub mask
42:
43:
44: // DMA
45: #define rDISRC0    (*(volatile unsigned *)0x4b000000)    //DMA 0 Initial source
46: #define rDISRCC0   (*(volatile unsigned *)0x4b000004)    //DMA 0 Initial source control
47: #define rDIDST0    (*(volatile unsigned *)0x4b000008)    //DMA 0 Initial Destination
48: #define rDIDSTC0   (*(volatile unsigned *)0x4b00000c)    //DMA 0 Initial Destination control
49: #define rDCON0     (*(volatile unsigned *)0x4b000010)    //DMA 0 Control
50: #define rDSTAT0    (*(volatile unsigned *)0x4b000014)    //DMA 0 Status
51: #define rDCSRC0    (*(volatile unsigned *)0x4b000018)    //DMA 0 Current source
52: #define rDCDST0    (*(volatile unsigned *)0x4b00001c)    //DMA 0 Current destination
53: #define rDMASKTRIG0 (*(volatile unsigned *)0x4b000020)   //DMA 0 Mask trigger
```

```
 54:
 55: #define rDISRC1     (*(volatile unsigned *)0x4b000040)    //DMA 1 Initial source
 56: #define rDISRCC1    (*(volatile unsigned *)0x4b000044)    //DMA 1 Initial source control
 57: #define rDIDST1     (*(volatile unsigned *)0x4b000048)    //DMA 1 Initial Destination
 58: #define rDIDSTC1    (*(volatile unsigned *)0x4b00004c)    //DMA 1 Initial Destination control
 59: #define rDCON1      (*(volatile unsigned *)0x4b000050)    //DMA 1 Control
 60: #define rDSTAT1     (*(volatile unsigned *)0x4b000054)    //DMA 1 Status
 61: #define rDCSRC1     (*(volatile unsigned *)0x4b000058)    //DMA 1 Current source
 62: #define rDCDST1     (*(volatile unsigned *)0x4b00005c)    //DMA 1 Current destination
 63: #define rDMASKTRIG1 (*(volatile unsigned *)0x4b000060)    //DMA 1 Mask trigger
 64:
 65: #define rDISRC2     (*(volatile unsigned *)0x4b000080)    //DMA 2 Initial source
 66: #define rDISRCC2    (*(volatile unsigned *)0x4b000084)    //DMA 2 Initial source control
 67: #define rDIDST2     (*(volatile unsigned *)0x4b000088)    //DMA 2 Initial Destination
 68: #define rDIDSTC2    (*(volatile unsigned *)0x4b00008c)    //DMA 2 Initial Destination control
 69: #define rDCON2      (*(volatile unsigned *)0x4b000090)    //DMA 2 Control
 70: #define rDSTAT2     (*(volatile unsigned *)0x4b000094)    //DMA 2 Status
 71: #define rDCSRC2     (*(volatile unsigned *)0x4b000098)    //DMA 2 Current source
 72: #define rDCDST2     (*(volatile unsigned *)0x4b00009c)    //DMA 2 Current destination
 73: #define rDMASKTRIG2 (*(volatile unsigned *)0x4b0000a0)    //DMA 2 Mask trigger
 74:
 75: #define rDISRC3     (*(volatile unsigned *)0x4b0000c0)    //DMA 3 Initial source
 76: #define rDISRCC3    (*(volatile unsigned *)0x4b0000c4)    //DMA 3 Initial source control
 77: #define rDIDST3     (*(volatile unsigned *)0x4b0000c8)    //DMA 3 Initial Destination
 78: #define rDIDSTC3    (*(volatile unsigned *)0x4b0000cc)    //DMA 3 Initial Destination control
 79: #define rDCON3      (*(volatile unsigned *)0x4b0000d0)    //DMA 3 Control
 80: #define rDSTAT3     (*(volatile unsigned *)0x4b0000d4)    //DMA 3 Status
 81: #define rDCSRC3     (*(volatile unsigned *)0x4b0000d8)    //DMA 3 Current source
 82: #define rDCDST3     (*(volatile unsigned *)0x4b0000dc)    //DMA 3 Current destination
 83: #define rDMASKTRIG3 (*(volatile unsigned *)0x4b0000e0)    //DMA 3 Mask trigger
 84:
 85:
 86: // CLOCK & POWER MANAGEMENT
 87: #define rLOCKTIME   (*(volatile unsigned *)0x4c000000)    //PLL lock time counter
 88: #define rMPLLCON    (*(volatile unsigned *)0x4c000004)    //MPLL Control
 89: #define rUPLLCON    (*(volatile unsigned *)0x4c000008)    //UPLL Control
 90: #define rCLKCON     (*(volatile unsigned *)0x4c00000c)    //Clock generator control
 91: #define rCLKSLOW    (*(volatile unsigned *)0x4c000010)    //Slow clock control
 92: #define rCLKDIVN    (*(volatile unsigned *)0x4c000014)    //Clock divider control
 93: #define rCAMDIVN    (*(volatile unsigned *)0x4c000018)    //USB, CAM Clock divider control
 94:
 95:
 96: // LCD CONTROLLER
 97: #define rLCDCON1    (*(volatile unsigned *)0x4d000000)    //LCD control 1
 98: #define rLCDCON2    (*(volatile unsigned *)0x4d000004)    //LCD control 2
 99: #define rLCDCON3    (*(volatile unsigned *)0x4d000008)    //LCD control 3
100: #define rLCDCON4    (*(volatile unsigned *)0x4d00000c)    //LCD control 4
101: #define rLCDCON5    (*(volatile unsigned *)0x4d000010)    //LCD control 5
102: #define rLCDSADDR1  (*(volatile unsigned *)0x4d000014)    //STN/TFT Frame buffer start address 1
103: #define rLCDSADDR2  (*(volatile unsigned *)0x4d000018)    //STN/TFT Frame buffer start address 2
104: #define rLCDSADDR3  (*(volatile unsigned *)0x4d00001c)    //STN/TFT Virtual screen address set
105: #define rREDLUT     (*(volatile unsigned *)0x4d000020)    //STN Red lookup table
106: #define rGREENLUT   (*(volatile unsigned *)0x4d000024)    //STN Green lookup table
107: #define rBLUELUT    (*(volatile unsigned *)0x4d000028)    //STN Blue lookup table
108: #define rDITHMODE   (*(volatile unsigned *)0x4d00004c)    //STN Dithering mode
109: #define rTPAL       (*(volatile unsigned *)0x4d000050)    //TFT Temporary palette
110: #define rLCDINTPND  (*(volatile unsigned *)0x4d000054)    //LCD Interrupt pending
111: #define rLCDSRCPND  (*(volatile unsigned *)0x4d000058)    //LCD Interrupt source
112: #define rLCDINTMSK  (*(volatile unsigned *)0x4d00005c)    //LCD Interrupt mask
113: #define rTCONSEL    (*(volatile unsigned *)0x4d000060)    //LPC3600 Control --- edited by junon
114: #define PALETTE     0x4d000400                 //Palette start address
115:
116:
117: //Nand Flash
118: #define rNFCONF     (*(volatile unsigned *)0x4E000000)        //NAND Flash configuration
119: #define rNFCONT     (*(volatile unsigned *)0x4E000004)        //NAND Flash control
120: #define rNFCMD      (*(volatile unsigned *)0x4E000008)        //NAND Flash command
121: #define rNFADDR     (*(volatile unsigned *)0x4E00000C)        //NAND Flash address
122: #define rNFDATA     (*(volatile unsigned *)0x4E000010)        //NAND Flash data
123: #define rNFDATA8    (*(volatile unsigned char *)0x4E000010)   //NAND Flash data
124: //#define NFDATA     (0x4E000010)       //NAND Flash data address
125: #define rNFMECCD0   (*(volatile unsigned *)0x4E000014)        //NAND Flash ECC for Main Area
126: #define rNFMECCD1   (*(volatile unsigned *)0x4E000018)
127: #define rNFSECCD    (*(volatile unsigned *)0x4E00001C)        //NAND Flash ECC for Spare Area
128: #define rNFSTAT     (*(volatile unsigned *)0x4E000020)        //NAND Flash operation status
```

```
129: #define rNFESTAT0       (*(volatile unsigned *)0x4E000024)
130: #define rNFESTAT1       (*(volatile unsigned *)0x4E000028)
131: #define rNFMECC0        (*(volatile unsigned *)0x4E00002C)
132: #define rNFMECC1        (*(volatile unsigned *)0x4E000030)
133: #define rNFSECC         (*(volatile unsigned *)0x4E000034)
134: #define rNFSBLK         (*(volatile unsigned *)0x4E000038)      //NAND Flash Start block address
135: #define rNFEBLK         (*(volatile unsigned *)0x4E00003C)      //NAND Flash End block address
136:
137:
138: //Camera Interface.   Edited for 2440A
139: #define rCISRCFMT              (*(volatile unsigned *)0x4F000000)
140: #define rCIWDOFST              (*(volatile unsigned *)0x4F000004)
141: #define rCIGCTRL               (*(volatile unsigned *)0x4F000008)
142: #define rCICOYSA1              (*(volatile unsigned *)0x4F000018)
143: #define rCICOYSA2              (*(volatile unsigned *)0x4F00001C)
144: #define rCICOYSA3              (*(volatile unsigned *)0x4F000020)
145: #define rCICOYSA4              (*(volatile unsigned *)0x4F000024)
146: #define rCICOCBSA1             (*(volatile unsigned *)0x4F000028)
147: #define rCICOCBSA2             (*(volatile unsigned *)0x4F00002C)
148: #define rCICOCBSA3             (*(volatile unsigned *)0x4F000030)
149: #define rCICOCBSA4             (*(volatile unsigned *)0x4F000034)
150: #define rCICOCRSA1             (*(volatile unsigned *)0x4F000038)
151: #define rCICOCRSA2             (*(volatile unsigned *)0x4F00003C)
152: #define rCICOCRSA3             (*(volatile unsigned *)0x4F000040)
153: #define rCICOCRSA4             (*(volatile unsigned *)0x4F000044)
154: #define rCICOTRGFMT            (*(volatile unsigned *)0x4F000048)
155: #define rCICOCTRL              (*(volatile unsigned *)0x4F00004C)
156: #define rCICOSCPRERATIO        (*(volatile unsigned *)0x4F000050)
157: #define rCICOSCPREDST          (*(volatile unsigned *)0x4F000054)
158: #define rCICOSCCTRL            (*(volatile unsigned *)0x4F000058)
159: #define rCICOTAREA             (*(volatile unsigned *)0x4F00005C)
160: #define rCICOSTATUS            (*(volatile unsigned *)0x4F000064)
161: #define rCIPRCLRSA1            (*(volatile unsigned *)0x4F00006C)
162: #define rCIPRCLRSA2            (*(volatile unsigned *)0x4F000070)
163: #define rCIPRCLRSA3            (*(volatile unsigned *)0x4F000074)
164: #define rCIPRCLRSA4            (*(volatile unsigned *)0x4F000078)
165: #define rCIPRTRGFMT            (*(volatile unsigned *)0x4F00007C)
166: #define rCIPRCTRL              (*(volatile unsigned *)0x4F000080)
167: #define rCIPRSCPRERATIO        (*(volatile unsigned *)0x4F000084)
168: #define rCIPRSCPREDST          (*(volatile unsigned *)0x4F000088)
169: #define rCIPRSCCTRL            (*(volatile unsigned *)0x4F00008C)
170: #define rCIPRTAREA             (*(volatile unsigned *)0x4F000090)
171: #define rCIPRSTATUS            (*(volatile unsigned *)0x4F000098)
172: #define rCIIMGCPT              (*(volatile unsigned *)0x4F0000A0)
173:
174:
175: // UART
176: #define rULCON0        (*(volatile unsigned *)0x50000000)    //UART 0 Line control
177: #define rUCON0         (*(volatile unsigned *)0x50000004)    //UART 0 Control
178: #define rUFCON0        (*(volatile unsigned *)0x50000008)    //UART 0 FIFO control
179: #define rUMCON0        (*(volatile unsigned *)0x5000000c)    //UART 0 Modem control
180: #define rUTRSTAT0      (*(volatile unsigned *)0x50000010)    //UART 0 Tx/Rx status
181: #define rUERSTAT0      (*(volatile unsigned *)0x50000014)    //UART 0 Rx error status
182: #define rUFSTAT0       (*(volatile unsigned *)0x50000018)    //UART 0 FIFO status
183: #define rUMSTAT0       (*(volatile unsigned *)0x5000001c)    //UART 0 Modem status
184: #define rUBRDIV0       (*(volatile unsigned *)0x50000028)    //UART 0 Baud rate divisor
185:
186: #define rULCON1        (*(volatile unsigned *)0x50004000)    //UART 1 Line control
187: #define rUCON1         (*(volatile unsigned *)0x50004004)    //UART 1 Control
188: #define rUFCON1        (*(volatile unsigned *)0x50004008)    //UART 1 FIFO control
189: #define rUMCON1        (*(volatile unsigned *)0x5000400c)    //UART 1 Modem control
190: #define rUTRSTAT1      (*(volatile unsigned *)0x50004010)    //UART 1 Tx/Rx status
191: #define rUERSTAT1      (*(volatile unsigned *)0x50004014)    //UART 1 Rx error status
192: #define rUFSTAT1       (*(volatile unsigned *)0x50004018)    //UART 1 FIFO status
193: #define rUMSTAT1       (*(volatile unsigned *)0x5000401c)    //UART 1 Modem status
194: #define rUBRDIV1       (*(volatile unsigned *)0x50004028)    //UART 1 Baud rate divisor
195: #define rULCON2        (*(volatile unsigned *)0x50008000)    //UART 2 Line control
196: #define rUCON2         (*(volatile unsigned *)0x50008004)    //UART 2 Control
197: #define rUFCON2        (*(volatile unsigned *)0x50008008)    //UART 2 FIFO control
198: #define rUMCON2        (*(volatile unsigned *)0x5000800c)    //UART 2 Modem control
199: #define rUTRSTAT2      (*(volatile unsigned *)0x50008010)    //UART 2 Tx/Rx status
200: #define rUERSTAT2      (*(volatile unsigned *)0x50008014)    //UART 2 Rx error status
201: #define rUFSTAT2       (*(volatile unsigned *)0x50008018)    //UART 2 FIFO status
202: #define rUMSTAT2       (*(volatile unsigned *)0x5000801c)    //UART 2 Modem status
203: #define rUBRDIV2       (*(volatile unsigned *)0x50008028)    //UART 2 Baud rate divisor
```

```
204:
205: #ifdef __BIG_ENDIAN
206: /*
207: #define rUTXH0      (*(volatile unsigned char *)0x50000023)    //UART 0 Transmission Hold
208: #define rURXH0      (*(volatile unsigned char *)0x50000027)    //UART 0 Receive buffer
209: #define rUTXH1      (*(volatile unsigned char *)0x50004023)    //UART 1 Transmission Hold
210: #define rURXH1      (*(volatile unsigned char *)0x50004027)    //UART 1 Receive buffer
211: #define rUTXH2      (*(volatile unsigned char *)0x50008023)    //UART 2 Transmission Hold
212: #define rURXH2      (*(volatile unsigned char *)0x50008027)    //UART 2 Receive buffer
213: */
214: #define WrUTXH0(ch) (*(volatile unsigned char *)0x50000023)=(unsigned char)(ch)
215: #define RdURXH0()   (*(volatile unsigned char *)0x50000027)
216: #define WrUTXH1(ch) (*(volatile unsigned char *)0x50004023)=(unsigned char)(ch)
217: #define RdURXH1()   (*(volatile unsigned char *)0x50004027)
218: #define WrUTXH2(ch) (*(volatile unsigned char *)0x50008023)=(unsigned char)(ch)
219: #define RdURXH2()   (*(volatile unsigned char *)0x50008027)
220:
221: #define UTXH0       (0x50000020+3)   //Byte_access address by DMA
222: #define URXH0       (0x50000024+3)
223: #define UTXH1       (0x50004020+3)
224: #define URXH1       (0x50004024+3)
225: #define UTXH2       (0x50008020+3)
226: #define URXH2       (0x50008024+3)
227:
228: #else //Little Endian
229: #define rUTXH0 (*(volatile unsigned char *)0x50000020)         //UART 0 Transmission Hold
230: #define rURXH0 (*(volatile unsigned char *)0x50000024)         //UART 0 Receive buffer
231: #define rUTXH1 (*(volatile unsigned char *)0x50004020)         //UART 1 Transmission Hold
232: #define rURXH1 (*(volatile unsigned char *)0x50004024)         //UART 1 Receive buffer
233: #define rUTXH2 (*(volatile unsigned char *)0x50008020)         //UART 2 Transmission Hold
234: #define rURXH2 (*(volatile unsigned char *)0x50008024)         //UART 2 Receive buffer
235:
236: #define WrUTXH0(ch) (*(volatile unsigned char *)0x50000020)=(unsigned char)(ch)
237: #define RdURXH0()   (*(volatile unsigned char *)0x50000024)
238: #define WrUTXH1(ch) (*(volatile unsigned char *)0x50004020)=(unsigned char)(ch)
239: #define RdURXH1()   (*(volatile unsigned char *)0x50004024)
240: #define WrUTXH2(ch) (*(volatile unsigned char *)0x50008020)=(unsigned char)(ch)
241: #define RdURXH2()   (*(volatile unsigned char *)0x50008024)
242: /*
243: #define UTXH0       (0x50000020)     //Byte_access address by DMA
244: #define URXH0       (0x50000024)
245: #define UTXH1       (0x50004020)
246: #define URXH1       (0x50004024)
247: #define UTXH2       (0x50008020)
248: #define URXH2       (0x50008024)
249: */
250: #endif
251:
252:
253: // PWM TIMER
254: #define rTCFG0  (*(volatile unsigned *)0x51000000)    //Timer 0 configuration
255: #define rTCFG1  (*(volatile unsigned *)0x51000004)    //Timer 1 configuration
256: #define rTCON   (*(volatile unsigned *)0x51000008)    //Timer control
257: #define rTCNTB0 (*(volatile unsigned *)0x5100000c)    //Timer count buffer 0
258: #define rTCMPB0 (*(volatile unsigned *)0x51000010)    //Timer compare buffer 0
259: #define rTCNTO0 (*(volatile unsigned *)0x51000014)    //Timer count observation 0
260: #define rTCNTB1 (*(volatile unsigned *)0x51000018)    //Timer count buffer 1
261: #define rTCMPB1 (*(volatile unsigned *)0x5100001c)    //Timer compare buffer 1
262: #define rTCNTO1 (*(volatile unsigned *)0x51000020)    //Timer count observation 1
263: #define rTCNTB2 (*(volatile unsigned *)0x51000024)    //Timer count buffer 2
264: #define rTCMPB2 (*(volatile unsigned *)0x51000028)    //Timer compare buffer 2
265: #define rTCNTO2 (*(volatile unsigned *)0x5100002c)    //Timer count observation 2
266: #define rTCNTB3 (*(volatile unsigned *)0x51000030)    //Timer count buffer 3
267: #define rTCMPB3 (*(volatile unsigned *)0x51000034)    //Timer compare buffer 3
268: #define rTCNTO3 (*(volatile unsigned *)0x51000038)    //Timer count observation 3
269: #define rTCNTB4 (*(volatile unsigned *)0x5100003c)    //Timer count buffer 4
270: #define rTCNTO4 (*(volatile unsigned *)0x51000040)    //Timer count observation 4
271:
272:
273: // USB DEVICE
274: #ifdef __BIG_ENDIAN
275: //<ERROR IF BIG_ENDIAN>
276: #define rFUNC_ADDR_REG      (*(volatile unsigned char *)0x52000143) //Function address
277: #define rPWR_REG            (*(volatile unsigned char *)0x52000147) //Power management
278: #define rEP_INT_REG         (*(volatile unsigned char *)0x5200014b) //EP Interrupt pending & clear
```

```
279: #define rUSB_INT_REG          (*(volatile unsigned char *)0x5200015b) //USB Interrupt pending & clear
280: #define rEP_INT_EN_REG        (*(volatile unsigned char *)0x5200015f) //Interrupt enable
281: #define rUSB_INT_EN_REG       (*(volatile unsigned char *)0x5200016f)
282: #define rFRAME_NUM1_REG       (*(volatile unsigned char *)0x52000173) //Frame number lower byte
283: #define rFRAME_NUM2_REG       (*(volatile unsigned char *)0x52000177) //Frame number higher byte
284: #define rINDEX_REG            (*(volatile unsigned char *)0x5200017b) //Register index
285: #define rMAXP_REG             (*(volatile unsigned char *)0x52000183) //Endpoint max packet
286: #define rEP0_CSR              (*(volatile unsigned char *)0x52000187) //Endpoint 0 status
287: #define rIN_CSR1_REG          (*(volatile unsigned char *)0x52000187) //In endpoint control status
288: #define rIN_CSR2_REG          (*(volatile unsigned char *)0x5200018b)
289: #define rOUT_CSR1_REG         (*(volatile unsigned char *)0x52000193) //Out endpoint control status
290: #define rOUT_CSR2_REG         (*(volatile unsigned char *)0x52000197)
291: #define rOUT_FIFO_CNT1_REG    (*(volatile unsigned char *)0x5200019b) //Endpoint out write count
292: #define rOUT_FIFO_CNT2_REG    (*(volatile unsigned char *)0x5200019f)
293: #define rEP0_FIFO             (*(volatile unsigned char *)0x520001c3) //Endpoint 0 FIFO
294: #define rEP1_FIFO             (*(volatile unsigned char *)0x520001c7) //Endpoint 1 FIFO
295: #define rEP2_FIFO             (*(volatile unsigned char *)0x520001cb) //Endpoint 2 FIFO
296: #define rEP3_FIFO             (*(volatile unsigned char *)0x520001cf) //Endpoint 3 FIFO
297: #define rEP4_FIFO             (*(volatile unsigned char *)0x520001d3) //Endpoint 4 FIFO
298: #define rEP1_DMA_CON          (*(volatile unsigned char *)0x52000203) //EP1 DMA interface control
299: #define rEP1_DMA_UNIT         (*(volatile unsigned char *)0x52000207) //EP1 DMA Tx unit counter
300: #define rEP1_DMA_FIFO         (*(volatile unsigned char *)0x5200020b) //EP1 DMA Tx FIFO counter
301: #define rEP1_DMA_TTC_L        (*(volatile unsigned char *)0x5200020f) //EP1 DMA total Tx counter
302: #define rEP1_DMA_TTC_M        (*(volatile unsigned char *)0x52000213)
303: #define rEP1_DMA_TTC_H        (*(volatile unsigned char *)0x52000217)
304: #define rEP2_DMA_CON          (*(volatile unsigned char *)0x5200021b) //EP2 DMA interface control
305: #define rEP2_DMA_UNIT         (*(volatile unsigned char *)0x5200021f) //EP2 DMA Tx unit counter
306: #define rEP2_DMA_FIFO         (*(volatile unsigned char *)0x52000223) //EP2 DMA Tx FIFO counter
307: #define rEP2_DMA_TTC_L        (*(volatile unsigned char *)0x52000227) //EP2 DMA total Tx counter
308: #define rEP2_DMA_TTC_M        (*(volatile unsigned char *)0x5200022b)
309: #define rEP2_DMA_TTC_H        (*(volatile unsigned char *)0x5200022f)
310: #define rEP3_DMA_CON          (*(volatile unsigned char *)0x52000243) //EP3 DMA interface control
311: #define rEP3_DMA_UNIT         (*(volatile unsigned char *)0x52000247) //EP3 DMA Tx unit counter
312: #define rEP3_DMA_FIFO         (*(volatile unsigned char *)0x5200024b) //EP3 DMA Tx FIFO counter
313: #define rEP3_DMA_TTC_L        (*(volatile unsigned char *)0x5200024f) //EP3 DMA total Tx counter
314: #define rEP3_DMA_TTC_M        (*(volatile unsigned char *)0x52000253)
315: #define rEP3_DMA_TTC_H        (*(volatile unsigned char *)0x52000257)
316: #define rEP4_DMA_CON          (*(volatile unsigned char *)0x5200025b) //EP4 DMA interface control
317: #define rEP4_DMA_UNIT         (*(volatile unsigned char *)0x5200025f) //EP4 DMA Tx unit counter
318: #define rEP4_DMA_FIFO         (*(volatile unsigned char *)0x52000263) //EP4 DMA Tx FIFO counter
319: #define rEP4_DMA_TTC_L        (*(volatile unsigned char *)0x52000267) //EP4 DMA total Tx counter
320: #define rEP4_DMA_TTC_M        (*(volatile unsigned char *)0x5200026b)
321: #define rEP4_DMA_TTC_H        (*(volatile unsigned char *)0x5200026f)
322:
323: #else  // Little Endian
324: #define rFUNC_ADDR_REG        (*(volatile unsigned char *)0x52000140) //Function address
325: #define rPWR_REG              (*(volatile unsigned char *)0x52000144) //Power management
326: #define rEP_INT_REG           (*(volatile unsigned char *)0x52000148) //EP Interrupt pending & clear
327: #define rUSB_INT_REG          (*(volatile unsigned char *)0x52000158) //USB Interrupt pending & clear
328: #define rEP_INT_EN_REG        (*(volatile unsigned char *)0x5200015c) //Interrupt enable
329: #define rUSB_INT_EN_REG       (*(volatile unsigned char *)0x5200016c)
330: #define rFRAME_NUM1_REG       (*(volatile unsigned char *)0x52000170) //Frame number lower byte
331: #define rFRAME_NUM2_REG       (*(volatile unsigned char *)0x52000174) //Frame number higher byte
332: #define rINDEX_REG            (*(volatile unsigned char *)0x52000178) //Register index
333: #define rMAXP_REG             (*(volatile unsigned char *)0x52000180) //Endpoint max packet
334: #define rEP0_CSR              (*(volatile unsigned char *)0x52000184) //Endpoint 0 status
335: #define rIN_CSR1_REG          (*(volatile unsigned char *)0x52000184) //In endpoint control status
336: #define rIN_CSR2_REG          (*(volatile unsigned char *)0x52000188)
337: #define rOUT_CSR1_REG         (*(volatile unsigned char *)0x52000190) //Out endpoint control status
338: #define rOUT_CSR2_REG         (*(volatile unsigned char *)0x52000194)
339: #define rOUT_FIFO_CNT1_REG    (*(volatile unsigned char *)0x52000198) //Endpoint out write count
340: #define rOUT_FIFO_CNT2_REG    (*(volatile unsigned char *)0x5200019c)
341: #define rEP0_FIFO             (*(volatile unsigned char *)0x520001c0) //Endpoint 0 FIFO
342: #define rEP1_FIFO             (*(volatile unsigned char *)0x520001c4) //Endpoint 1 FIFO
343: #define rEP2_FIFO             (*(volatile unsigned char *)0x520001c8) //Endpoint 2 FIFO
344: #define rEP3_FIFO             (*(volatile unsigned char *)0x520001cc) //Endpoint 3 FIFO
345: #define rEP4_FIFO             (*(volatile unsigned char *)0x520001d0) //Endpoint 4 FIFO
346: #define rEP1_DMA_CON          (*(volatile unsigned char *)0x52000200) //EP1 DMA interface control
347: #define rEP1_DMA_UNIT         (*(volatile unsigned char *)0x52000204) //EP1 DMA Tx unit counter
348: #define rEP1_DMA_FIFO         (*(volatile unsigned char *)0x52000208) //EP1 DMA Tx FIFO counter
349: #define rEP1_DMA_TTC_L        (*(volatile unsigned char *)0x5200020c) //EP1 DMA total Tx counter
350: #define rEP1_DMA_TTC_M        (*(volatile unsigned char *)0x52000210)
351: #define rEP1_DMA_TTC_H        (*(volatile unsigned char *)0x52000214)
352: #define rEP2_DMA_CON          (*(volatile unsigned char *)0x52000218) //EP2 DMA interface control
353: #define rEP2_DMA_UNIT         (*(volatile unsigned char *)0x5200021c) //EP2 DMA Tx unit counter
```

```
354: #define rEP2_DMA_FIFO      (*(volatile unsigned char *)0x52000220) //EP2 DMA Tx FIFO counter
355: #define rEP2_DMA_TTC_L     (*(volatile unsigned char *)0x52000224) //EP2 DMA total Tx counter
356: #define rEP2_DMA_TTC_M     (*(volatile unsigned char *)0x52000228)
357: #define rEP2_DMA_TTC_H     (*(volatile unsigned char *)0x5200022c)
358: #define rEP3_DMA_CON       (*(volatile unsigned char *)0x52000240) //EP3 DMA interface control
359: #define rEP3_DMA_UNIT      (*(volatile unsigned char *)0x52000244) //EP3 DMA Tx unit counter
360: #define rEP3_DMA_FIFO      (*(volatile unsigned char *)0x52000248) //EP3 DMA Tx FIFO counter
361: #define rEP3_DMA_TTC_L     (*(volatile unsigned char *)0x5200024c) //EP3 DMA total Tx counter
362: #define rEP3_DMA_TTC_M     (*(volatile unsigned char *)0x52000250)
363: #define rEP3_DMA_TTC_H     (*(volatile unsigned char *)0x52000254)
364: #define rEP4_DMA_CON       (*(volatile unsigned char *)0x52000258) //EP4 DMA interface control
365: #define rEP4_DMA_UNIT      (*(volatile unsigned char *)0x5200025c) //EP4 DMA Tx unit counter
366: #define rEP4_DMA_FIFO      (*(volatile unsigned char *)0x52000260) //EP4 DMA Tx FIFO counter
367: #define rEP4_DMA_TTC_L     (*(volatile unsigned char *)0x52000264) //EP4 DMA total Tx counter
368: #define rEP4_DMA_TTC_M     (*(volatile unsigned char *)0x52000268)
369: #define rEP4_DMA_TTC_H     (*(volatile unsigned char *)0x5200026c)
370: #endif   // __BIG_ENDIAN
371:
372:
373: // WATCH DOG TIMER
374: #define rWTCON   (*(volatile unsigned *)0x53000000)   //Watch-dog timer mode
375: #define rWTDAT   (*(volatile unsigned *)0x53000004)   //Watch-dog timer data
376: #define rWTCNT   (*(volatile unsigned *)0x53000008)   //Eatch-dog timer count
377:
378:
379: // IIC
380: #define rIICCON      (*(volatile unsigned *)0x54000000)    //IIC control
381: #define rIICSTAT     (*(volatile unsigned *)0x54000004)    //IIC status
382: #define rIICADD      (*(volatile unsigned *)0x54000008)    //IIC address
383: #define rIICDS       (*(volatile unsigned *)0x5400000c)    //IIC data shift
384: #define rIICLC       (*(volatile unsigned *)0x54000010)    //IIC multi-master line control
385:
386:
387: // IIS
388: #define rIISCON  (*(volatile unsigned *)0x55000000)   //IIS Control
389: #define rIISMOD  (*(volatile unsigned *)0x55000004)   //IIS Mode
390: #define rIISPSR  (*(volatile unsigned *)0x55000008)   //IIS Prescaler
391: #define rIISFCON (*(volatile unsigned *)0x5500000c)   //IIS FIFO control
392: #ifdef __BIG_ENDIAN
393: #define IISFIFO  ((volatile unsigned short *)0x55000012)    //IIS FIFO entry
394: #else //Little Endian
395: #define IISFIFO  ((volatile unsigned short *)0x55000010)    //IIS FIFO entry
396: #endif
397:
398:
399: //AC97, Added for S3C2440A
400: #define rAC_GLBCTRL      *(volatile unsigned *)0x5b000000
401: #define rAC_GLBSTAT      *(volatile unsigned *)0x5b000004
402: #define rAC_CODEC_CMD    *(volatile unsigned *)0x5b000008
403: #define rAC_CODEC_STAT   *(volatile unsigned *)0x5b00000C
404: #define rAC_PCMADDR      *(volatile unsigned *)0x5b000010
405: #define rAC_MICADDR      *(volatile unsigned *)0x5b000014
406: #define rAC_PCMDATA      *(volatile unsigned *)0x5b000018
407: #define rAC_MICDATA      *(volatile unsigned *)0x5b00001C
408:
409: #define AC_PCMDATA       0x5b000018
410: #define AC_MICDATA       0x5b00001C
411:
412: // I/O PORT
413: #define rGPACON   (*(volatile unsigned *)0x56000000) //Port A control
414: #define rGPADAT   (*(volatile unsigned *)0x56000004) //Port A data
415:
416: #define rGPBCON   (*(volatile unsigned *)0x56000010) //Port B control
417: #define rGPBDAT   (*(volatile unsigned *)0x56000014) //Port B data
418: #define rGPBUP    (*(volatile unsigned *)0x56000018) //Pull-up control B
419:
420: #define rGPCCON   (*(volatile unsigned *)0x56000020) //Port C control
421: #define rGPCDAT   (*(volatile unsigned *)0x56000024) //Port C data
422: #define rGPCUP    (*(volatile unsigned *)0x56000028) //Pull-up control C
423:
424: #define rGPDCON   (*(volatile unsigned *)0x56000030) //Port D control
425: #define rGPDDAT   (*(volatile unsigned *)0x56000034) //Port D data
426: #define rGPDUP    (*(volatile unsigned *)0x56000038) //Pull-up control D
427:
428: #define rGPECON   (*(volatile unsigned *)0x56000040) //Port E control
```

```
429: #define rGPEDAT     (*(volatile unsigned *)0x56000044) //Port E data
430: #define rGPEUP      (*(volatile unsigned *)0x56000048) //Pull-up control E
431:
432: #define rGPFCON     (*(volatile unsigned *)0x56000050) //Port F control
433: #define rGPFDAT     (*(volatile unsigned *)0x56000054) //Port F data
434: #define rGPFUP      (*(volatile unsigned *)0x56000058) //Pull-up control F
435:
436: #define rGPGCON     (*(volatile unsigned *)0x56000060) //Port G control
437: #define rGPGDAT     (*(volatile unsigned *)0x56000064) //Port G data
438: #define rGPGUP      (*(volatile unsigned *)0x56000068) //Pull-up control G
439:
440: #define rGPHCON     (*(volatile unsigned *)0x56000070) //Port H control
441: #define rGPHDAT     (*(volatile unsigned *)0x56000074) //Port H data
442: #define rGPHUP      (*(volatile unsigned *)0x56000078) //Pull-up control H
443:
444: #define rGPJCON     (*(volatile unsigned *)0x560000d0) //Port J control
445: #define rGPJDAT     (*(volatile unsigned *)0x560000d4) //Port J data
446: #define rGPJUP      (*(volatile unsigned *)0x560000d8) //Pull-up control J
447:
448: #define rMISCCR     (*(volatile unsigned *)0x56000080) //Miscellaneous control
449: #define rDCLKCON    (*(volatile unsigned *)0x56000084) //DCLK0/1 control
450: #define rEXTINT0    (*(volatile unsigned *)0x56000088) //External interrupt control register 0
451: #define rEXTINT1    (*(volatile unsigned *)0x5600008c) //External interrupt control register 1
452: #define rEXTINT2    (*(volatile unsigned *)0x56000090) //External interrupt control register 2
453: #define rEINTFLT0   (*(volatile unsigned *)0x56000094) //Reserved
454: #define rEINTFLT1   (*(volatile unsigned *)0x56000098) //Reserved
455: #define rEINTFLT2   (*(volatile unsigned *)0x5600009c) //External interrupt filter control reg. 2
456: #define rEINTFLT3   (*(volatile unsigned *)0x560000a0) //External interrupt filter control reg. 3
457: #define rEINTMASK   (*(volatile unsigned *)0x560000a4) //External interrupt mask
458: #define rEINTPEND   (*(volatile unsigned *)0x560000a8) //External interrupt pending
459: #define rGSTATUS0   (*(volatile unsigned *)0x560000ac) //External pin status
460: #define rGSTATUS1   (*(volatile unsigned *)0x560000b0) //Chip ID(0x32440000)
461: #define rGSTATUS2   (*(volatile unsigned *)0x560000b4) //Reset type
462: #define rGSTATUS3   (*(volatile unsigned *)0x560000b8) //Saved data0 before entering POWER_OFF mode
463: #define rGSTATUS4   (*(volatile unsigned *)0x560000bc) //Saved data0 before entering POWER_OFF mode
464:
465: // Added for 2440
466: #define rFLTOUT     (*(volatile unsigned *)0x560000c0)    // Filter output(Read only)
467: #define rDSC0       (*(volatile unsigned *)0x560000c4)    // Strength control register 0
468: #define rDSC1       (*(volatile unsigned *)0x560000c8)    // Strength control register 1
469: #define rMSLCON     (*(volatile unsigned *)0x560000cc)    // Memory sleep control register
470:
471: // RTC
472: #ifdef __BIG_ENDIAN
473: #define rRTCCON     (*(volatile unsigned char *)0x57000043)   //RTC control
474: #define rTICNT      (*(volatile unsigned char *)0x57000047)   //Tick time count
475: #define rRTCALM     (*(volatile unsigned char *)0x57000053)   //RTC alarm control
476: #define rALMSEC     (*(volatile unsigned char *)0x57000057)   //Alarm second
477: #define rALMMIN     (*(volatile unsigned char *)0x5700005b)   //Alarm minute
478: #define rALMHOUR    (*(volatile unsigned char *)0x5700005f)   //Alarm Hour
479: #define rALMDATE    (*(volatile unsigned char *)0x57000063)   //Alarm date    //edited by junon
480: #define rALMMON     (*(volatile unsigned char *)0x57000067)   //Alarm month
481: #define rALMYEAR    (*(volatile unsigned char *)0x5700006b)   //Alarm year
482: #define rRTCRST     (*(volatile unsigned char *)0x5700006f)   //RTC round reset
483: #define rBCDSEC     (*(volatile unsigned char *)0x57000073)   //BCD second
484: #define rBCDMIN     (*(volatile unsigned char *)0x57000077)   //BCD minute
485: #define rBCDHOUR    (*(volatile unsigned char *)0x5700007b)   //BCD hour
486: #define rBCDDATE    (*(volatile unsigned char *)0x5700007f)   //BCD date   //edited by junon
487: #define rBCDDAY     (*(volatile unsigned char *)0x57000083)   //BCD day    //edited by junon
488: #define rBCDMON     (*(volatile unsigned char *)0x57000087)   //BCD month
489: #define rBCDYEAR    (*(volatile unsigned char *)0x5700008b)   //BCD year
490:
491: #else //Little Endian
492: #define rRTCCON     (*(volatile unsigned char *)0x57000040)   //RTC control
493: #define rTICNT      (*(volatile unsigned char *)0x57000044)   //Tick time count
494: #define rRTCALM     (*(volatile unsigned char *)0x57000050)   //RTC alarm control
495: #define rALMSEC     (*(volatile unsigned char *)0x57000054)   //Alarm second
496: #define rALMMIN     (*(volatile unsigned char *)0x57000058)   //Alarm minute
497: #define rALMHOUR    (*(volatile unsigned char *)0x5700005c)   //Alarm Hour
498: #define rALMDATE    (*(volatile unsigned char *)0x57000060)·  //Alarm date  // edited by junon
499: #define rALMMON     (*(volatile unsigned char *)0x57000064)   //Alarm month
500: #define rALMYEAR    (*(volatile unsigned char *)0x57000068)   //Alarm year
501: #define rRTCRST     (*(volatile unsigned char *)0x5700006c)   //RTC round reset
502: #define rBCDSEC     (*(volatile unsigned char *)0x57000070)   //BCD second
503: #define rBCDMIN     (*(volatile unsigned char *)0x57000074)   //BCD minute
```

```
504: #define rBCDHOUR    (*(volatile unsigned char *)0x57000078)    //BCD hour
505: #define rBCDDATE    (*(volatile unsigned char *)0x5700007c)    //BCD date  //edited by junon
506: #define rBCDDAY     (*(volatile unsigned char *)0x57000080)    //BCD day   //edited by junon
507: #define rBCDMON     (*(volatile unsigned char *)0x57000084)    //BCD month
508: #define rBCDYEAR    (*(volatile unsigned char *)0x57000088)    //BCD year
509: #endif //RTC
510:
511:
512: // ADC
513: #define rADCCON     (*(volatile unsigned *)0x58000000)    //ADC control
514: #define rADCTSC     (*(volatile unsigned *)0x58000004)    //ADC touch screen control
515: #define rADCDLY     (*(volatile unsigned *)0x58000008)    //ADC start or Interval Delay
516: #define rADCDAT0    (*(volatile unsigned *)0x5800000c)    //ADC conversion data 0
517: #define rADCDAT1    (*(volatile unsigned *)0x58000010)    //ADC conversion data 1
518: #define rADCUPDN    (*(volatile unsigned *)0x58000014)    //Stylus Up/Down interrupt status
519:
520:
521: // SPI
522: #define rSPCON0     (*(volatile unsigned *)0x59000000)    //SPI0 control
523: #define rSPSTA0     (*(volatile unsigned *)0x59000004)    //SPI0 status
524: #define rSPPIN0     (*(volatile unsigned *)0x59000008)    //SPI0 pin control
525: #define rSPPRE0     (*(volatile unsigned *)0x5900000c)    //SPI0 baud rate prescaler
526: #define rSPTDAT0    (*(volatile unsigned *)0x59000010)    //SPI0 Tx data
527: #define rSPRDAT0    (*(volatile unsigned *)0x59000014)    //SPI0 Rx data
528:
529: #define rSPCON1     (*(volatile unsigned *)0x59000020)    //SPI1 control
530: #define rSPSTA1     (*(volatile unsigned *)0x59000024)    //SPI1 status
531: #define rSPPIN1     (*(volatile unsigned *)0x59000028)    //SPI1 pin control
532: #define rSPPRE1     (*(volatile unsigned *)0x5900002c)    //SPI1 baud rate prescaler
533: #define rSPTDAT1    (*(volatile unsigned *)0x59000030)    //SPI1 Tx data
534: #define rSPRDAT1    (*(volatile unsigned *)0x59000034)    //SPI1 Rx data
535:
536:
537: // SD Interface
538: #define rSDICON     (*(volatile unsigned *)0x5a000000)    //SDI control
539: #define rSDIPRE     (*(volatile unsigned *)0x5a000004)    //SDI baud rate prescaler
540: #define rSDICARG    (*(volatile unsigned *)0x5a000008)    //SDI command argument
541: #define rSDICCON    (*(volatile unsigned *)0x5a00000c)    //SDI command control
542: #define rSDICSTA    (*(volatile unsigned *)0x5a000010)    //SDI command status
543: #define rSDIRSP0    (*(volatile unsigned *)0x5a000014)    //SDI response 0
544: #define rSDIRSP1    (*(volatile unsigned *)0x5a000018)    //SDI response 1
545: #define rSDIRSP2    (*(volatile unsigned *)0x5a00001c)    //SDI response 2
546: #define rSDIRSP3    (*(volatile unsigned *)0x5a000020)    //SDI response 3
547: #define rSDIDTIMER  (*(volatile unsigned *)0x5a000024)    //SDI data/busy timer
548: #define rSDIBSIZE   (*(volatile unsigned *)0x5a000028)    //SDI block size
549: #define rSDIDCON    (*(volatile unsigned *)0x5a00002c)    //SDI data control
550: #define rSDIDCNT    (*(volatile unsigned *)0x5a000030)    //SDI data remain counter
551: #define rSDIDSTA    (*(volatile unsigned *)0x5a000034)    //SDI data status
552: #define rSDIFSTA    (*(volatile unsigned *)0x5a000038)    //SDI FIFO status
553: #define rSDIIMSK    (*(volatile unsigned *)0x5a00003c)    //SDI interrupt mask. edited for 2440A
554:
555: #ifdef __BIG_ENDIAN  /* edited for 2440A */
556: #define rSDIDAT     (*(volatile unsigned *)0x5a00004c)    //SDI data
557: #define SDIDAT      0x5a00004c
558: #else // Little Endian
559: #define rSDIDAT     (*(volatile unsigned *)0x5a000040)    //SDI data
560: #define SDIDAT      0x5a000040
561: #endif  //SD Interface
562:
563: #define _ISR_STARTADDRESS       0x33ffff00
564:
565: // Exception vector
566: #define pISR_RESET     (*(unsigned *)(_ISR_STARTADDRESS+0x0))
567: #define pISR_UNDEF     (*(unsigned *)(_ISR_STARTADDRESS+0x4))
568: #define pISR_SWI       (*(unsigned *)(_ISR_STARTADDRESS+0x8))
569: #define pISR_PABORT    (*(unsigned *)(_ISR_STARTADDRESS+0xc))
570: #define pISR_DABORT    (*(unsigned *)(_ISR_STARTADDRESS+0x10))
571: #define pISR_RESERVED  (*(unsigned *)(_ISR_STARTADDRESS+0x14))
572: #define pISR_IRQ       (*(unsigned *)(_ISR_STARTADDRESS+0x18))
573: #define pISR_FIQ       (*(unsigned *)(_ISR_STARTADDRESS+0x1c))
574: // Interrupt vector
575: #define pISR_EINT0     (*(unsigned *)(_ISR_STARTADDRESS+0x20))
576: #define pISR_EINT1     (*(unsigned *)(_ISR_STARTADDRESS+0x24))
577: #define pISR_EINT2     (*(unsigned *)(_ISR_STARTADDRESS+0x28))
578: #define pISR_EINT3     (*(unsigned *)(_ISR_STARTADDRESS+0x2c))
```

```
579: #define pISR_EINT4_7     (*(unsigned *)(_ISR_STARTADDRESS+0x30))
580: #define pISR_EINT8_23    (*(unsigned *)(_ISR_STARTADDRESS+0x34))
581: #define pISR_CAM      (*(unsigned *)(_ISR_STARTADDRESS+0x38))      // Added for 2440.
582: #define pISR_BAT_FLT    (*(unsigned *)(_ISR_STARTADDRESS+0x3c))
583: #define pISR_TICK    (*(unsigned *)(_ISR_STARTADDRESS+0x40))
584: #define pISR_WDT_AC97     (*(unsigned *)(_ISR_STARTADDRESS+0x44))    //Changed for 2440A
585: #define pISR_TIMER0     (*(unsigned *)(_ISR_STARTADDRESS+0x48))
586: #define pISR_TIMER1     (*(unsigned *)(_ISR_STARTADDRESS+0x4c))
587: #define pISR_TIMER2     (*(unsigned *)(_ISR_STARTADDRESS+0x50))
588: #define pISR_TIMER3     (*(unsigned *)(_ISR_STARTADDRESS+0x54))
589: #define pISR_TIMER4     (*(unsigned *)(_ISR_STARTADDRESS+0x58))
590: #define pISR_UART2     (*(unsigned *)(_ISR_STARTADDRESS+0x5c))
591: #define pISR_LCD    (*(unsigned *)(_ISR_STARTADDRESS+0x60))
592: #define pISR_DMA0    (*(unsigned *)(_ISR_STARTADDRESS+0x64))
593: #define pISR_DMA1    (*(unsigned *)(_ISR_STARTADDRESS+0x68))
594: #define pISR_DMA2    (*(unsigned *)(_ISR_STARTADDRESS+0x6c))
595: #define pISR_DMA3    (*(unsigned *)(_ISR_STARTADDRESS+0x70))
596: #define pISR_SDI    (*(unsigned *)(_ISR_STARTADDRESS+0x74))
597: #define pISR_SPI0    (*(unsigned *)(_ISR_STARTADDRESS+0x78))
598: #define pISR_UART1    (*(unsigned *)(_ISR_STARTADDRESS+0x7c))
599: #define pISR_NFCON    (*(unsigned *)(_ISR_STARTADDRESS+0x80))      // Added for 2440.
600: #define pISR_USBD    (*(unsigned *)(_ISR_STARTADDRESS+0x84))
601: #define pISR_USBH    (*(unsigned *)(_ISR_STARTADDRESS+0x88))
602: #define pISR_IIC    (*(unsigned *)(_ISR_STARTADDRESS+0x8c))
603: #define pISR_UART0     (*(unsigned *)(_ISR_STARTADDRESS+0x90))
604: #define pISR_SPI1     (*(unsigned *)(_ISR_STARTADDRESS+0x94))
605: #define pISR_RTC    (*(unsigned *)(_ISR_STARTADDRESS+0x98))
606: #define pISR_ADC    (*(unsigned *)(_ISR_STARTADDRESS+0x9c))
607:
608:
609: // PENDING BIT
610: #define BIT_EINT0     (0x1)
611: #define BIT_EINT1     (0x1<<1)
612: #define BIT_EINT2     (0x1<<2)
613: #define BIT_EINT3     (0x1<<3)
614: #define BIT_EINT4_7     (0x1<<4)
615: #define BIT_EINT8_23     (0x1<<5)
616: #define BIT_CAM      (0x1<<6)     // Added for 2440.
617: #define BIT_BAT_FLT     (0x1<<7)
618: #define BIT_TICK     (0x1<<8)
619: #define BIT_WDT_AC97     (0x1<<9)      // Changed from BIT_WDT to BIT_WDT_AC97 for 2440A
620: #define BIT_TIMER0     (0x1<<10)
621: #define BIT_TIMER1     (0x1<<11)
622: #define BIT_TIMER2     (0x1<<12)
623: #define BIT_TIMER3     (0x1<<13)
624: #define BIT_TIMER4     (0x1<<14)
625: #define BIT_UART2     (0x1<<15)
626: #define BIT_LCD     (0x1<<16)
627: #define BIT_DMA0     (0x1<<17)
628: #define BIT_DMA1     (0x1<<18)
629: #define BIT_DMA2     (0x1<<19)
630: #define BIT_DMA3     (0x1<<20)
631: #define BIT_SDI      (0x1<<21)
632: #define BIT_SPI0     (0x1<<22)
633: #define BIT_UART1     (0x1<<23)
634: #define BIT_NFCON     (0x1<<24)     // Added for 2440.
635: #define BIT_USBD     (0x1<<25)
636: #define BIT_USBH     (0x1<<26)
637: #define BIT_IIC     (0x1<<27)
638: #define BIT_UART0     (0x1<<28)
639: #define BIT_SPI1     (0x1<<29)
640: #define BIT_RTC     (0x1<<30)
641: #define BIT_ADC     (0x1<<31)
642: #define BIT_ALLMSK     (0xffffffff)
643:
644: #define BIT_SUB_ALLMSK     (0x7fff)     // Changed from 0x7ff to 0x7fff for 2440A
645: #define BIT_SUB_AC97     (0x1<<14)     // Added for 2440A
646: #define BIT_SUB_WDT     (0x1<<13)     // Added for 2440A
647: #define BIT_SUB_CAM_P     (0x1<<12)     // edited for 2440A.
648: #define BIT_SUB_CAM_C     (0x1<<11)     // edited for 2440A
649: #define BIT_SUB_ADC     (0x1<<10)
650: #define BIT_SUB_TC     (0x1<<9)
651: #define BIT_SUB_ERR2     (0x1<<8)
652: #define BIT_SUB_TXD2     (0x1<<7)
653: #define BIT_SUB_RXD2     (0x1<<6)
```

```
654: #define BIT_SUB_ERR1      (0x1<<5)
655: #define BIT_SUB_TXD1      (0x1<<4)
656: #define BIT_SUB_RXD1      (0x1<<3)
657: #define BIT_SUB_ERR0      (0x1<<2)
658: #define BIT_SUB_TXD0      (0x1<<1)
659: #define BIT_SUB_RXD0      (0x1<<0)
660:
661: #define    ClearPending(bit) {rSRCPND = bit;rINTPND = bit;rINTPND;}
662: //Wait until rINTPND is changed for the case that the ISR is very short.
663:
664:
665: #ifdef __cplusplus
666: }
667: #endif
668: #endif  //__S3C2440_H__
```

```
################################################################################
# src/include/com/type.h
################################################################################
 1: /* ========================================================================= */
 2: /* Author: Qu Bo <qu99adm@126.com> <http://www.qu99.net> */
 3: /* ========================================================================= */
 4: #ifndef     __TYPE_H__
 5: #define     __TYPE_H__
 6:
 7: #ifndef TRUE
 8: #define TRUE 1
 9: #endif
10:
11: #ifndef FALSE
12: #define FALSE 0
13: #endif
14:
15: #ifndef NULL
16: #define NULL ((void *) 0)
17: #endif
18:
19: typedef char * va_list;
20:
21: typedef unsigned long long u64;
22: typedef unsigned int u32;
23: typedef unsigned short u16;
24: typedef unsigned char u8;
25:
26: typedef void (*P_VFUNC)();
27: typedef int (*P_IFUNC)();
28:
29: #endif    /* __TYPE_H__ */
```

```
################################################################################
# src/include/com/uart.h
################################################################################
 1: /* ========================================================================= */
 2: /* Author: Qu Bo <qu99adm@126.com> <http://www.qu99.net> */
 3: /* ========================================================================= */
 4: #ifndef __UART_H__
 5: #define __UART_H__
 6:
 7: #define PCLK        50000000
 8: #define UART_BPS    115200
 9:
10: #define UFSTAT_TX_FULL    (1 << 9)
11: #define UFSTAT_RX_MASK    (0x0f)
12:
13: #define pUART0      (0x50000000)                 //Pointer to UART 0
14: #define pUART1      (0x50004000)                 //Pointer to UART 1
15: #define pUART2      (0x50008000)                 //Pointer to UART 2
16:
17: typedef struct uart {
18:     u32 rULCON, rUCON, rUFCON, rUMCON;
19:     u32 rUTRSTAT, rUERSTAT, rUFSTAT, rUMSTAT;
20:     u32 rUTXH, rURXH, rUBRDIV;
21: } S_UART;
22:
23: void uart_select(int ch);
```

```
24: void uart_init(void);
25: char uart_getchar(void);
26: char uart_getch(char * pch);
27: void uart_gets(char *str);
28: void uart_putchar(char ch);
29: void uart_puts(char *str);
30: void uart_printf(char *fmt,...);
31:
32: #endif    /* __UART_H__ */
```

##
\# src/include/com/util.h
##

```
 1: /* ======================================================== */
 2: /* Author: Qu Bo <qu99adm@126.com> <http://www.qu99.net> */
 3: /* ======================================================== */
 4: #ifndef __UTIL_H__
 5: #define __UTIL_H__
 6:
 7: #define get_ch   uart_getch
 8: #define get_char uart_getchar
 9: #define put_char uart_putchar
10: #define get_str  uart_gets
11: #define put_str  uart_puts
12: #define printk   uart_printf
13:
14: int vsprintf(char *buff, const char *fmt, va_list args);
15: int sprintf(char *buff, const char *fmt, ...);
16: void hudelay(int time);
17:
18: #endif /* __UTIL_H__ */
```

##
\# src/include/ctype.h
##

```
 1: /*
 2:  * NOTE! This ctype does not handle EOF like the standard C
 3:  * library is required to.
 4:  */
 5:
 6: #define _U    0x01    /* upper */
 7: #define _L    0x02    /* lower */
 8: #define _D    0x04    /* digit */
 9: #define _C    0x08    /* cntrl */
10: #define _P    0x10    /* punct */
11: #define _S    0x20    /* white space (space/lf/tab) */
12: #define _X    0x40    /* hex digit */
13: #define _SP   0x80    /* hard space (0x20) */
14:
15: extern unsigned char _ctype[];
16:
17: #define __ismask(x) (_ctype[(int)(unsigned char)(x)])
18:
19: #define isalnum(c)   ((__ismask(c)&(_U|_L|_D)) != 0)
20: #define isalpha(c)   ((__ismask(c)&(_U|_L)) != 0)
21: #define iscntrl(c)   ((__ismask(c)&(_C)) != 0)
22: #define isdigit(c)   ((__ismask(c)&(_D)) != 0)
23: #define isgraph(c)   ((__ismask(c)&(_P|_U|_L|_D)) != 0)
24: #define islower(c)   ((__ismask(c)&(_L)) != 0)
25: #define isprint(c)   ((__ismask(c)&(_P|_U|_L|_D|_SP)) != 0)
26: #define ispunct(c)   ((__ismask(c)&(_P)) != 0)
27: #define isspace(c)   ((__ismask(c)&(_S)) != 0)
28: #define isupper(c)   ((__ismask(c)&(_U)) != 0)
29: #define isxdigit(c)  ((__ismask(c)&(_D|_X)) != 0)
30:
31: #define isascii(c) (((unsigned char)(c))<=0x7f)
32: #define toascii(c) (((unsigned char)(c))&0x7f)
33:
34: static inline unsigned char __tolower(unsigned char c)
35: {
36:     if (isupper(c))
37:         c -= 'A'-'a';
38:     return c;
39: }
40:
```

```
41: static inline unsigned char __toupper(unsigned char c)
42: {
43:     if (islower(c))
44:         c -= 'a'-'A';
45:     return c;
46: }
47:
48: #define tolower(c) __tolower(c)
49: #define toupper(c) __toupper(c)
```

```
###########################################################################################
# src/include/gcclib.h
###########################################################################################
 1: /* gcclib.h -- definitions for various functions 'borrowed' from gcc-2.95.3 */
 2: /* I Molton     29/07/01 */
 3:
 4: #define BITS_PER_UNIT  8
 5: #define SI_TYPE_SIZE (sizeof (SItype) * BITS_PER_UNIT)
 6:
 7: typedef unsigned int UQItype   __attribute__ ((mode (QI)));
 8: typedef          int SItype    __attribute__ ((mode (SI)));
 9: typedef unsigned int USItype   __attribute__ ((mode (SI)));
10: typedef          int DItype    __attribute__ ((mode (DI)));
11: typedef          int word_type __attribute__ ((mode (__word__)));
12: typedef unsigned int UDItype   __attribute__ ((mode (DI)));
13:
14: #ifdef __ARMEB__
15:   struct DIstruct {SItype high, low;};
16: #else
17:   struct DIstruct {SItype low, high;};
18: #endif
19:
20: typedef union
21: {
22:   struct DIstruct s;
23:   DItype ll;
24: } DIunion;
25:
```

```
###########################################################################################
# src/include/includes.h
###########################################################################################
 1: /* ==================================================================================== */
 2: /* Author: Qu Bo <qu99adm@126.com> <http://www.qu99.net> */
 3: /* ==================================================================================== */
 4: #ifndef    __INCLUDES_H__
 5: #define    __INCLUDES_H__
 6:
 7: #include "kern/cpu/cpu.h"
 8: #include "kern/conf.h"
 9: #include "kern/com/core.h"
10: #include "kern/com/sysc.h"
11:
12: #include <com/s3c2440.h>
13: #include <com/config.h>
14: #include <com/type.h>
15: #include <com/init.h>
16: #include <com/mmu.h>
17: #include <com/uart.h>
18: #include <com/util.h>
19: #include <string.h>
20:
21: #endif    /* __INCLUDES_H__ */
```

```
###########################################################################################
# src/include/string.h
###########################################################################################
 1: /* ==================================================================================== */
 2: /* Author: Qu Bo <qu99adm@126.com> <http://www.qu99.net> */
 3: /* ==================================================================================== */
 4: #ifndef __STRING_H__
 5: #define __STRING_H__
 6:
 7: void memcpy(void *dst, const void *src, int size);
 8: void memset(void *cs, char c, int size);
```

```
 9:
10: int strlen(const char * str);
11: char * strcpy(char * dst, const char *src);
12: int strcmp(const char * cs, const char * ct);
13:
14: #endif      /* __STRING_H__ */
```

```
##############################################################################
# src/kern/com/core.c
##############################################################################
 1: /* ========================================================================= */
 2: /* Author: Qu Bo <qu99adm@126.com> <http://www.qu99.net> */
 3: /* ========================================================================= */
 4: #include "includes.h"
 5:
 6: BYTE map_tablel[8] = {0x01, 0x02, 0x04, 0x08, 0x10, 0x20, 0x40, 0x80}, unmap_table[255] = {0};
 7: OS_TCB *cur_task, *rdy_task, *tcb_list, *tcb_free, *prio_table[64];
 8: static BYTE running, intr_nest, rdy_group, rdy_table[8];
 9:
10: static OS_TCB tcb_table[OS_MAX_TASKS+1];
11: static OS_STK_TYPE idle_task_stk[OS_IDLE_TASK_STK_SIZE];
12: static DWORD clock_ticks = 0;
13:
14: static void idle_task(void *data);
15:
16: void task_init(void)
17: {
18:     BYTE i, x, y;
19:
20:     cur_task = tcb_list = NULL;
21:     intr_nest = running = rdy_group = 0;
22:     for (i = 0; i < 8; rdy_table[i ++] = 0);
23:     for (i = 0; i < 64; prio_table[i ++] = NULL);
24:     for (i = 0; i < OS_MAX_TASKS; i++)
25:         tcb_table[i].next = &tcb_table[i+1];
26:     for (i = 255; i > 0; i --) {
27:         for (x = 1, y = 0; !(i & x); x <<= 1, y ++);
28:         unmap_table[i] = y;
29:     }
30:     tcb_table[OS_MAX_TASKS].next = NULL;
31:     tcb_free = &tcb_table[0];
32:     start_ticker(OS_TICKS_PER_SEC);
33:     task_create(idle_task, NULL, (void*)&idle_task_stk[OS_IDLE_TASK_STK_SIZE], OS_LO_PRIO);
34: }
35:
36: static void idle_task(void *data)
37: {
38:     for (data = data; ;);
39: }
40:
41: inline BYTE get_ready(void)
42: {
43:     BYTE x = unmap_table[rdy_group];
44:     return (x << 3) + unmap_table[rdy_table[x]];
45: }
46:
47: void task_start(void)
48: {
49:     cur_task = rdy_task = prio_table[get_ready()];
50:     running = 1;
51:     task_ready(cur_task);
52: }
53:
54: static void task_rr_ched(void)
55: {
56:     int max = -1;
57:     OS_TCB *p;
58:
59:     if (rdy_task->prio != OS_LO_PRIO)
60:         return;
61:     while (1) {
62:         for (p = tcb_list; p; p = p->next)
63:             if (p->prio == OS_LO_PRIO && p != prio_table[OS_LO_PRIO] &&
64:                 p->status == OS_STAT_RDY && p->ticks > max)
65:                 max = p->ticks, rdy_task = p;
```

```
66:          if (max)
67:             break;
68:          for (p = tcb_list; p; p = p->next)
69:             if (p->prio == OS_LO_PRIO && p != prio_table[OS_LO_PRIO])
70:                p->ticks = (p->ticks >> 1) + p->slice;
71:       }
72: }
73:
74: void task_sched(void)
75: {
76:       disable_irq();
77:       rdy_task = prio_table[get_ready()];
78:       task_rr_ched();
79:       if (rdy_task != cur_task)
80:          task_switch();
81:       enable_irq();
82: }
83:
84: OS_TCB *task_renew(void *sp)
85: {
86:       cur_task->stack = sp;
87:       return (cur_task = rdy_task);
88: }
89:
90: int intr_handler(void)
91: {
92:       intr_nest++;
93:       handler_irq();
94:       if (--intr_nest == 0) {
95:          rdy_task = prio_table[get_ready()];
96:          task_rr_ched();
97:          if (rdy_task != cur_task)
98:             return 1;
99:       }
100:      return 0;
101: }
102:
103: void time_delay(WORD ticks)
104: {
105:      BYTE p;
106:
107:      disable_irq();
108:      p = cur_task->prio;
109:      if (p != OS_LO_PRIO && (rdy_table[p >> 3] &= ~map_tablel[p & 0x07]) == 0)
110:         rdy_group &= ~map_tablel[p >> 3];
111:      cur_task->delay = ticks;
112:      enable_irq();
113:      task_sched();
114: }
115:
116: void time_tick(void)
117: {
118:      BYTE p;
119:      OS_TCB *ptcb;
120:
121:      clock_ticks ++;
122:      ptcb = tcb_list;
123:      while (ptcb->prio != OS_LO_PRIO || ptcb != prio_table[OS_LO_PRIO]) {
124:         if (ptcb->delay != 0) {
125:            if (--ptcb->delay == 0) {
126:               p = ptcb->prio;
127:               rdy_group |= map_tablel[p >> 3];
128:               rdy_table[p >> 3] |= map_tablel[p & 0x07];
129:            }
130:         }
131:         ptcb = ptcb->next;
132:      }
133:      if (cur_task->prio == OS_LO_PRIO && cur_task != &tcb_table[0] && cur_task->ticks > 0)
134:         cur_task->ticks --;
135: }
136:
137: OS_TCB *tcb_get(void)
138: {
139:      OS_TCB *ptcb;
140:
```

```
141:       disable_irq();
142:       ptcb = tcb_free;
143:       tcb_free = ptcb->next;
144:       enable_irq();
145:       return (ptcb);
146: }
147:
148: BYTE task_create(void (*task)(void *dptr), void *data, void *pstk, BYTE p)
149: {
150:       OS_TCB *ptr;
151:       WORD *stk;
152:
153:       if (prio_table[p] == NULL || p == OS_LO_PRIO) {
154:           ptr = tcb_get();
155:           ptr->prio = (BYTE)p;
156:           ptr->status = OS_STAT_RDY;
157:           ptr->delay = 0;
158:           stk = (void *)task_stk_init(task, data, pstk);
159:           ptr->stack = (void *)stk;
160:           if (prio_table[p] == NULL)
161:               prio_table[p] = ptr;
162:           else
163:               ptr->slice = ptr->ticks = OS_TIMESLICE;
164:           disable_irq();
165:           ptr->next = tcb_list;
166:           ptr->prev = NULL;
167:           if (tcb_list != NULL)
168:               tcb_list->prev = ptr;
169:           tcb_list = ptr;
170:           rdy_group |= map_table1[p >> 3];
171:           rdy_table[p >> 3] |= map_table1[p & 0x07];
172:           enable_irq();
173:           if (running)
174:               task_sched();
175:           return (OS_NO_ERR);
176:       } else {
177:           return (OS_PRIO_EXIST);
178:       }
179: }
180:
181: void task_exit(void)
182: {
183:       BYTE p;
184:
185:       disable_irq();
186:       if ((p = cur_task->prio) != OS_LO_PRIO) {
187:           prio_table[p] = NULL;
188:           if ((rdy_table[p >> 3] &= ~map_table1[p & 0x07]) == 0)
189:               rdy_group &= ~map_table1[p >> 3];
190:       }
191:       if (cur_task->prev == NULL) {
192:           cur_task->next->prev = NULL;
193:           tcb_list = cur_task->next;
194:       } else {
195:           cur_task->prev->next = cur_task->next;
196:           cur_task->next->prev = cur_task->prev;
197:       }
198:       cur_task->next = tcb_free;
199:       tcb_free = cur_task;
200:       enable_irq();
201:       task_sched();
202: }
203:
204: int sys_get_ticks(void)
205: {
206:       return clock_ticks;
207: }
```

```
##############################################################################
# src/kern/com/core.h
##############################################################################
 1: /* ======================================================================= */
 2: /* Author: Qu Bo <qu99adm@126.com> <http://www.qu99.net> */
 3: /* ======================================================================= */
 4: #ifndef __QUTE_H__
```

```
 5: #define __QUTE_H__
 6:
 7: #define OS_LO_PRIO      63      /*IDLE task priority */
 8: /*TASK STATUS */
 9: #define OS_STAT_RDY     0x00    /*Ready to run */
10:
11: #define OS_NO_ERR       0
12: #define OS_TIMEOUT      10
13: #define OS_PRIO_EXIST   40
14:
15: #define OS_TIMESLICE    10
16:
17: /*******************************************************
18: *     TASK CONTROL BLOCK DATA STRUCTURE
19: *******************************************************/
20: typedef struct os_tcb {
21:     void *stack;
22:     BYTE status;
23:     BYTE prio;
24:     WORD delay;
25:     struct os_tcb *next;
26:     struct os_tcb *prev;
27:     WORD slice;
28:     WORD ticks;
29: } OS_TCB;
30: /*******************************************************
31: *     GLOBAL VARIABLES
32: *******************************************************/
33: extern OS_TCB *cur_task;
34: extern OS_TCB *rdy_task;
35: extern DWORD switching;
36: /*******************************************************
37: *     FUNCTION PROTOTYPES
38: *******************************************************/
39: /* Kernel functions in C */
40: void task_init(void);
41: void task_start(void);
42: BYTE task_create(void (*task)(void *dptr), void *data, void *pstk, BYTE prio);
43: void time_delay(WORD ticks);
44: void time_tick(void);
45: int intr_handler(void);
46: void task_sched(void);
47: OS_TCB *task_renew(void *sp);
48: OS_TCB *tcb_get(void);
49: void task_exit(void);
50: OS_STK *task_stk_init (void (*task)(), void *args, OS_STK *sp);
51: void start_ticker(int wTicksPerSec);
52: /* Kernel functions in assembly */
53: OS_TCB *task_ready(void *sp);
54: void task_switch(void);
55: void enable_irq(void);
56: void disable_irq(void);
57: DWORD get_cpsr(void);
58:
59: /* System call functions */
60: int sendrecv(int send, int recv, void *msg);
61: int uart_write(char *str);
62: int get_ticks(void);
63:
64: /* Library functions */
65: int cprintf(const char *fmt, ...);
66: void milli_delay(int msec);
67:
68: #endif    /* __QUTE_H__ */
```

```
########################################################################
# src/kern/com/libc.c
########################################################################
 1: /* ======================================================= */
 2: /* Author: Qu Bo <qu99adm@126.com> <http://www.qu99.net> */
 3: /* ======================================================= */
 4: #include "includes.h"
 5:
 6: int cprintf(const char *fmt, ...)
 7: {
```

```
 8:        va_list ap = (va_list)((char*)(&fmt) + 4);
 9:        char str[256];
10:
11:        vsprintf(str, fmt, ap);
12:        return uart_write(str);
13: }
14:
15: void milli_delay(int msec)
16: {
17:        int t = get_ticks();
18:        while (((get_ticks() - t) * 100 / OS_TICKS_PER_SEC) < msec);
19: }
```

##
src/kern/com/sysc.c
##
```
 1: /* ========================================================================= */
 2: /* Author: Qu Bo <qu99adm@126.com> <http://www.qu99.net> */
 3: /* ========================================================================= */
 4: #include "includes.h"
 5:
 6: int sys_get_ticks(void);
 7:
 8: int itc_sendrecv(int send, int recv, void *msg)
 9: {
10:        return 0;
11: }
12:
13: int sys_uart_write(char *str)
14: {
15:        uart_puts(str);
16:        return strlen(str);
17: }
18:
19: P_SYSC sysc_table[__NR_SYS_CALL] = {
20:        (P_SYSC)itc_sendrecv, (P_SYSC)sys_uart_write, (P_SYSC)sys_get_ticks,
21: };
22:
23: int sysc_sched(int n, int arg0, int arg1, int arg2)
24: {
25:        if(sysc_table[n]){
26:            return (sysc_table[n])(arg0, arg1, arg2);
27:        }
28:        return -1;
29: }
30:
```

##
src/kern/com/sysc.h
##
```
 1: /* ========================================================================= */
 2: /* Author: Qu Bo <qu99adm@126.com> <http://www.qu99.net> */
 3: /* ========================================================================= */
 4: #ifndef __SYSCALL_H__
 5: #define __SYSCALL_H__
 6:
 7: #define __NR_SYSC_BASE    0x0
 8:
 9: #define __NR_sencrecv      (__NR_SYSC_BASE + 0)
10: #define __NR_uart_write    (__NR_SYSC_BASE + 1)
11: #define __NR_get_ticks     (__NR_SYSC_BASE + 2)
12: #define __NR_SYS_CALL      (__NR_SYSC_BASE + 3)
13:
14:
15: #define sendrecv(s,r,m) _syscall(__NR_sendrecv, s, r, m)
16: #define uart_write(str) _syscall(__NR_uart_write, str)
17: #define get_ticks() _syscall(__NR_get_ticks)
18:
19: typedef int (*P_SYSC)(int num, ...);
20:
21: int _syscall(int n, ...);          // Parameter number: 1-4
22:
23: #endif /* __SYSCALL_H__ */
24:
```

```
##################################################################################
# src/kern/conf.h
##################################################################################
 1: /* ========================================================================== */
 2: /* Author: Qu Bo <qu99adm@126.com> <http://www.qu99.net> */
 3: /* ========================================================================== */
 4: #ifndef __OS_CFG_H__
 5: #define __OS_CFG_H__
 6:
 7: #define OS_STK_TYPE          BYTE      /* Data type used for stack */
 8:
 9: #define OS_MAX_TASKS         63        /* Maximum number of tasks in your appliccation */
10: #define OS_IDLE_TASK_STK_SIZE 1024     /* Idle task stack size (BYTEs) */
11:
12: #define OS_TICKS_PER_SEC     200       /* Set the number of ticks in one second */
13:
14: #endif    /* __OS_CFG_H__ */


##################################################################################
# src/kern/cpu/cpua.s
##################################################################################
 1: @ ===========================================================================
 2: @ Author: Qu Bo <qu99adm@126.com> <http://www.qu99.net>
 3: @ ===========================================================================
 4: .include "asm/kasm.inc"
 5: @ ===========================================================================
 6: .global  IRQ_Handler, task_switch, task_ready
 7: @ ===========================================================================
 8: IRQ_Handler:
 9:     sub    lr, lr, #4           @ modify return address from interrupt
10:     stmfd  sp!, {r0-r3, r12, lr}    @ save registers & lr
11:     bl     intr_handler         @ call interrupt handler in C
12:     cmp    r0, #1               @ return value r0
13:     beq    1f                   @ r0: 0(no task switch) or 1 (do task switch)
14:     ldmfd  sp!, {r0-r3, r12, pc}    @ no task switch, return from interrupt
15: 1:  ldmfd  sp!, {r0-r3, r12, lr}    @ do task switch, restore registers & lr
16:     stmfd  sp!, {r0}            @ save r0
17:     mov    r0, lr               @ save return address of user mode
18:         msr    cpsr_c, #(NOINT | SYS_Mode)   @ change to sys mode
19:     stmfd  sp!, {r0}            @ save return address of user mode
20:     stmfd  sp!, {lr}            @ save r14 of sys mode
21:         msr    cpsr_c, #(NOINT | IRQ_Mode)   @ change to irq mode
22:     ldmfd  sp!, {r0}            @ restore r0
23:     ldr    r14, =. +8           @ .+8: the pc of the 2nd instruction following
24:     movs   pc, r14              @ run with the mode of prev. task
25: 2:  stmfd  sp!, {r0-r12}        @ push registers r0-r12
26:     mrs    r1, cpsr
27:     stmfd  sp!, {r1}            @ push cpsr
28:     mov    r0, sp               @ sp as the parameter
29:     bl     task_renew           @ call function task_set
30: @ ===========================================================================
31: task_ready:
32:     ldr    sp, [r0]             @ r0: TCB of the current task
33:     ldmfd  sp!, {r1}            @ pop cpsr
34:     msr    cpsr_cxsf, r1
35:     ldmfd  sp!, {r0-r12, lr, pc}    @ interrupt return
36: @ ===========================================================================
37: task_switch:
38:     stmfd  sp!, {lr}            @ push pc (lr should be pushed in place of PC)
39:     stmfd  sp!, {lr}            @ push lr
40:     b      2b
41: @ ===========================================================================
42: .global  SWI_Handler
43: @ ===========================================================================
44: SWI_Handler:
45:     str    r0, [sp, #-4]        @ save r0
46:     mrs    r0, spsr
47:     str    r0, [sp, #-8]        @ save status register of user mode
48:     str    r14, [sp, #-12]      @ save return address of user mode
49:     mov    r0, sp               @ save sp of svc mode
50:         msr    cpsr_c, #(NOINT | SYS_Mode)   @ change to sys mode
51:     str    lr, [sp, #-8]!       @ save return address of sys mode
52:     ldr    r14, [r0, #-12]      @ get return address of user mode
53:     str    r14, [sp, #4]        @ save return address of user mode
54:     ldr    r14, [r0, #-8]       @ get status register of user mode
```

```
55:     ldr     r0, [r0, #-4]           @ restore r0
56:     stmfd   sp!, {r1-r12, r14}
57:     bl      sysc_sched              @ SWI functions
58:     ldmfd   sp!, {r1-r12}
59:     ldmfd   sp!, {r14}
60:     msr     cpsr, r14
61:     ldmfd   sp!, {lr, pc}
62: @ ==========================================================================
63: .global  _syscall
64: @ ==========================================================================
65: _syscall:
66:     swi     #0
67:     bx      lr
68: @ ==========================================================================
69: .global enable_irq, disable_irq, get_cpsr
70: @ ==========================================================================
71: enable_irq:
72:     str     r0, [sp, #-4]!
73:     mrs     r0, CPSR
74:     bic     r0, r0, #0x80
75:     msr     CPSR_fc, r0
76:     ldmia   sp!, {r0}
77:     bx      lr
78: @ ==========================================================================
79: disable_irq:
80:     str     r0, [sp, #-4]!
81:     mrs     r0, CPSR
82:     orr     r0, r0, #0x80
83:     msr     CPSR_fc, r0
84:     ldmia   sp!, {r0}
85:     bx      lr
86: @ ==========================================================================
87: get_cpsr:
88:     mrs     r0, cpsr
89:     bx      lr
90: @ ==========================================================================

#############################################################################
# src/kern/cpu/cpuc.c
#############################################################################
 1: /* ====================================================================== */
 2: /* Author: Qu Bo <qu99adm@126.com> <http://www.qu99.net> */
 3: /* ====================================================================== */
 4: #include "includes.h"
 5:
 6: #define USR_Mode     0x10
 7: #define FIQ_Mode     0x11
 8: #define IRQ_Mode     0x12
 9: #define SVC_Mode     0x13
10: #define ABT_Mode     0x17
11: #define UND_Mode     0x1b
12: #define SYS_Mode     0x1f
13: #define MODEMASK     0x1f
14: #define NOINT        0xc0
15: #define TBIT         0x20
16:
17: extern DWORD get_cpsr(void);
18:
19: DWORD          switching = 0;             /* Used to flag a context switch       */
20:
21: OS_STK *task_stk_init (void (*task)(), void *args, OS_STK *sp)
22: {
23:     *(--sp) = (unsigned int) task;        /* pc */
24:     *(--sp) = (unsigned int) task;        /* lr */
25:     sp -= 13;
26:     memset(sp, sizeof(OS_STK) * 13, 0);   /* r0 - r12 */
27:     *(--sp) = (DWORD)args;                 /* r0 : argument */
28:     *(--sp) = (unsigned int)(SYS_Mode & get_cpsr());   /* CPSR */
29:     return (sp);
30: }
31:
32: /* ====================================================================== */
33:
34: static void irq_tickstimer(void)
35: {
```

```
36:        rSRCPND = BIT_TIMER2;
37:        rINTPND = rINTPND;
38:        time_tick();
39: }
40:
41: #define _TICK          OS_TICKS_PER_SEC
42: static void init_tickstimer(int ticks)
43: {
44:        rINTMSK &= (~BIT_TIMER2);              // Enable TIMER2 interrupt
45:        pISR_TIMER2 = (unsigned int)irq_tickstimer;
46:        rTCNTB2= PCLK/16/4/_TICK;
47:        rTCON = TIMER_UPDATE | (TIMER_UPDATE << 12);    // Update timer data
48:        rTCON = TIMER_START | (TIMER_START << 12);     // Start timer
49: }
50:
51: extern void IRQ_Handler(void);
52: void start_ticker(int wTicksPerSec)
53: {
54:        disable_irq();
55:        init_tickstimer(wTicksPerSec);
56:        pISR_IRQ = (u32)IRQ_Handler;
57:        enable_irq();
58: }
```

```
###############################################################################
# src/kern/cpu/cpu.h
###############################################################################
 1: /* ========================================================================= */
 2: /* Author: Qu Bo <qu99adm@126.com> <http://www.qu99.net> */
 3: /* ========================================================================= */
 4: #ifndef __OS_CPU_H__
 5: #define __OS_CPU_H__
 6:
 7: typedef unsigned char     BOOL;
 8: typedef unsigned char     BYTE;
 9: typedef unsigned short    WORD;
10: typedef unsigned int      DWORD;
11:
12: typedef DWORD OS_STK;
13: typedef DWORD OS_CPU_SR;      /* Define size of CPU status register (PSR = 32 bits) */
14:
15: #endif     /* __OS_CPU_H__ */
```

```
###############################################################################
# src/kern/Makefile
###############################################################################
 1: #===========================================================================
 2: # /* Author: Qu Bo <qu99adm@126.com> <http://www.qu99.net> */
 3: #===========================================================================
 4: include    ../Makefile.in
 5:
 6: CPUOBJ     = ./cpu/cpua.o ./cpu/cpuc.o
 7: OSOBJ      = ./com/core.o ./com/sysc.o ./com/libc.o
 8: OBJS       = $(CPUOBJ) $(OSOBJ)
 9:
10: kern.o: $(OBJS)
11:        $(LD) -r -o $*.o $(OBJS)
12:        sync
13:
14: clean:
15:        rm -f core *.o *.a tmp_make
16:        rm -f ./cpu/*.o ./com/*.o
17:        for i in *.c;do rm -f `basename $$i .c`.s;done
```

```
###############################################################################
# src/lib/ctype.c
###############################################################################
 1: /*
 2:  * linux/lib/ctype.c
 3:  *
 4:  * Copyright (C) 1991, 1992  Linus Torvalds
 5:  */
 6:
 7: #include "ctype.h"
 8:
```

```
 9: unsigned char _ctype[] = {
10: _C,_C,_C,_C,_C,_C,_C,_C,                    /* 0-7 */
11: _C,_C|_S,_C|_S,_C|_S,_C|_S,_C|_S,_C,_C,          /* 8-15 */
12: _C,_C,_C,_C,_C,_C,_C,_C,                    /* 16-23 */
13: _C,_C,_C,_C,_C,_C,_C,_C,                    /* 24-31 */
14: _S|_SP,_P,_P,_P,_P,_P,_P,_P,                 /* 32-39 */
15: _P,_P,_P,_P,_P,_P,_P,_P,                    /* 40-47 */
16: _D,_D,_D,_D,_D,_D,_D,_D,                    /* 48-55 */
17: _D,_D,_P,_P,_P,_P,_P,_P,                    /* 56-63 */
18: _P,_U|_X,_U|_X,_U|_X,_U|_X,_U|_X,_U|_X,_U,    /* 64-71 */
19: _U,_U,_U,_U,_U,_U,_U,_U,                    /* 72-79 */
20: _U,_U,_U,_U,_U,_U,_U,_U,                    /* 80-87 */
21: _U,_U,_U,_P,_P,_P,_P,_P,                    /* 88-95 */
22: _P,_L|_X,_L|_X,_L|_X,_L|_X,_L|_X,_L|_X,_L,    /* 96-103 */
23: _L,_L,_L,_L,_L,_L,_L,_L,                    /* 104-111 */
24: _L,_L,_L,_L,_L,_L,_L,_L,                    /* 112-119 */
25: _L,_L,_L,_P,_P,_P,_P,_C,                    /* 120-127 */
26: 0,0,0,0,0,0,0,0,0,0,0,0,0,0,0,0,              /* 128-143 */
27: 0,0,0,0,0,0,0,0,0,0,0,0,0,0,0,0,              /* 144-159 */
28: _S|_SP,_P,_P,_P,_P,_P,_P,_P,_P,_P,_P,_P,_P,_P,_P,_P,   /* 160-175 */
29: _P,_P,_P,_P,_P,_P,_P,_P,_P,_P,_P,_P,_P,_P,_P,_P,       /* 176-191 */
30: _U,_U,_U,_U,_U,_U,_U,_U,_U,_U,_U,_U,_U,_U,_U,_U,       /* 192-207 */
31: _U,_U,_U,_U,_U,_U,_U,_P,_U,_U,_U,_U,_U,_U,_U,_L,       /* 208-223 */
32: _L,_L,_L,_L,_L,_L,_L,_L,_L,_L,_L,_L,_L,_L,_L,_L,       /* 224-239 */
33: _L,_L,_L,_L,_L,_L,_L,_P,_L,_L,_L,_L,_L,_L,_L,_L};      /* 240-255 */
```

```
################################################################################
# src/lib/div64.h
################################################################################
 1: #ifndef __ASM_ARM_DIV64
 2: #define __ASM_ARM_DIV64
 3:
 4: //#include <asm/system.h>
 5:
 6: /*
 7:  * The semantics of do_div() are:
 8:  *
 9:  * uint32_t do_div(uint64_t *n, uint32_t base)
10:  * {
11:  *     uint32_t remainder = *n % base;
12:  *     *n = *n / base;
13:  *     return remainder;
14:  * }
15:  *
16:  * In other words, a 64-bit dividend with a 32-bit divisor producing
17:  * a 64-bit result and a 32-bit remainder.  To accomplish this optimally
18:  * we call a special __do_div64 helper with completely non standard
19:  * calling convention for arguments and results (beware).
20:  */
21:
22: #ifdef __ARMEB__
23: #define __xh "r0"
24: #define __xl "r1"
25: #else
26: #define __xl "r0"
27: #define __xh "r1"
28: #endif
29:
30: #define __asmeq(x, y)  ".ifnc " x "," y " ; .err ; .endif\n\t"
31:
32: #define do_div(n,base)                       \
33: ({                                           \
34:     register unsigned int __base      asm("r4") = base;   \
35:     register unsigned long long __n   asm("r0") = n;      \
36:     register unsigned long long __res asm("r2");          \
37:     register unsigned int __rem       asm(__xh);          \
38:     asm(    __asmeq("%0", __xh)                \
39:         __asmeq("%1", "r2")                    \
40:         __asmeq("%2", "r0")                    \
41:         __asmeq("%3", "r4")                    \
42:         "bl    __do_div64"                     \
43:         : "=r" (__rem), "=r" (__res)           \
44:         : "r" (__n), "r" (__base)              \
45:         : "ip", "lr", "cc");                   \
46:     n = __res;                                 \
```

```
47:         __rem;
48: })
49:
50: #endif
```

```
########################################################################################
# src/lib/div64.S
########################################################################################
 1: /*
 2:  *  linux/arch/arm/lib/div64.S
 3:  *
 4:  *  Optimized computation of 64-bit dividend / 32-bit divisor
 5:  *
 6:  *  Author:    Nicolas Pitre
 7:  *  Created:    Oct 5, 2003
 8:  *  Copyright:   Monta Vista Software, Inc.
 9:  *
10:  *  This program is free software; you can redistribute it and/or modify
11:  *  it under the terms of the GNU General Public License version 2 as
12:  *  published by the Free Software Foundation.
13:  */
14:
15: //#include <linux/linkage.h>
16:
17: #define ALIGN          .align 4,0x90
18: #define __LINUX_ARM_ARCH__  1
19:
20: #define ENTRY(name) \
21:   .globl name; \
22:   ALIGN; \
23:   name:
24:
25:
26: #ifdef __ARMEB__
27: #define xh r0
28: #define xl r1
29: #define yh r2
30: #define yl r3
31: #else
32: #define xl r0
33: #define xh r1
34: #define yl r2
35: #define yh r3
36: #endif
37:
38: /*
39:  * __do_div64: perform a division with 64-bit dividend and 32-bit divisor.
40:  *
41:  * Note: Calling convention is totally non standard for optimal code.
42:  *       This is meant to be used by do_div() from include/asm/div64.h only.
43:  *
44:  * Input parameters:
45:  *    xh-xl    = dividend (clobbered)
46:  *    r4       = divisor (preserved)
47:  *
48:  * Output values:
49:  *    yh-yl    = result
50:  *    xh       = remainder
51:  *
52:  * Clobbered regs: xl, ip
53:  */
54:
55: ENTRY(__do_div64)
56:
57:     @ Test for easy paths first.
58:     subs    ip, r4, #1
59:     bls     9f              @ divisor is 0 or 1
60:     tst     ip, r4
61:     beq     8f              @ divisor is power of 2
62:
63:     @ See if we need to handle upper 32-bit result.
64:     cmp     xh, r4
65:     mov     yh, #0
66:     blo     3f
67:
```

```
68:        @ Align divisor with upper part of dividend.
69:        @ The aligned divisor is stored in yl preserving the original.
70:        @ The bit position is stored in ip.
71:
72: #if __LINUX_ARM_ARCH__ >= 5
73:
74:        clz    yl, r4
75:        clz    ip, xh
76:        sub    yl, yl, ip
77:        mov    ip, #1
78:        mov    ip, ip, lsl yl
79:        mov    yl, r4, lsl yl
80:
81: #else
82:
83:        mov    yl, r4
84:        mov    ip, #1
85: 1:     cmp    yl, #0x80000000
86:        cmpcc  yl, xh
87:        movcc  yl, yl, lsl #1
88:        movcc  ip, ip, lsl #1
89:        bcc    1b
90:
91: #endif
92:
93:        @ The division loop for needed upper bit positions.
94:         @ Break out early if dividend reaches 0.
95: 2:     cmp    xh, yl
96:        orrcs  yh, yh, ip
97:        subcss xh, xh, yl
98:        movnes ip, ip, lsr #1
99:        mov    yl, yl, lsr #1
100:       bne    2b
101:
102:       @ See if we need to handle lower 32-bit result.
103: 3:    cmp    xh, #0
104:       mov    yl, #0
105:       cmpeq  xl, r4
106:       movlo  xh, xl
107:       movlo  pc, lr
108:
109:       @ The division loop for lower bit positions.
110:       @ Here we shift remainer bits leftwards rather than moving the
111:       @ divisor for comparisons, considering the carry-out bit as well.
112:       mov    ip, #0x80000000
113: 4:    movs   xl, xl, lsl #1
114:       adcs   xh, xh, xh
115:       beq    6f
116:       cmpcc  xh, r4
117: 5:    orrcs  yl, yl, ip
118:       subcs  xh, xh, r4
119:       movs   ip, ip, lsr #1
120:       bne    4b
121:       mov    pc, lr
122:
123:       @ The top part of remainder became zero.  If carry is set
124:       @ (the 33th bit) this is a false positive so resume the loop.
125:       @ Otherwise, if lower part is also null then we are done.
126: 6:    bcs    5b
127:       cmp    xl, #0
128:       moveq  pc, lr
129:
130:       @ We still have remainer bits in the low part.  Bring them up.
131:
132: #if __LINUX_ARM_ARCH__ >= 5
133:
134:       clz    xh, xl              @ we know xh is zero here so...
135:       add    xh, xh, #1
136:       mov    xl, xl, lsl xh
137:       mov    ip, ip, lsr xh
138:
139: #else
140:
141: 7:    movs   xl, xl, lsl #1
142:       mov    ip, ip, lsr #1
```

```
143:        bcc      7b
144:
145: #endif
146:
147:        @ Current remainder is now 1.  It is worthless to compare with
148:        @ divisor at this point since divisor can not be smaller than 3 here.
149:        @ If possible, branch for another shift in the division loop.
150:        @ If no bit position left then we are done.
151:        movs     ip, ip, lsr #1
152:        mov      xh, #1
153:        bne      4b
154:        mov      pc, lr
155:
156: 8:     @ Division by a power of 2: determine what that divisor order is
157:        @ then simply shift values around
158:
159: #if __LINUX_ARM_ARCH__ >= 5
160:
161:        clz      ip, r4
162:        rsb      ip, ip, #31
163:
164: #else
165:
166:        mov      yl, r4
167:        cmp      r4, #(1 << 16)
168:        mov      ip, #0
169:        movhs    yl, yl, lsr #16
170:        movhs    ip, #16
171:
172:        cmp      yl, #(1 << 8)
173:        movhs    yl, yl, lsr #8
174:        addhs    ip, ip, #8
175:
176:        cmp      yl, #(1 << 4)
177:        movhs    yl, yl, lsr #4
178:        addhs    ip, ip, #4
179:
180:        cmp      yl, #(1 << 2)
181:        addhi    ip, ip, #3
182:        addls    ip, ip, yl, lsr #1
183:
184: #endif
185:
186:        mov      yh, xh, lsr ip
187:        mov      yl, xl, lsr ip
188:        rsb      ip, ip, #32
189:        orr      yl, yl, xh, lsl ip
190:        mov      xh, xl, lsl ip
191:        mov      xh, xh, lsr ip
192:        mov      pc, lr
193:
194:        @ eq -> division by 1: obvious enough...
195: 9:     moveq    yl, xl
196:        moveq    yh, xh
197:        moveq    xh, #0
198:        moveq    pc, lr
199:
200:        @ Division by 0:
201:        str      lr, [sp, #-4]!
202: /*     bl       __div0      */
203:
204:        @ as wrong as it could be...
205:        mov      yl, #0
206:        mov      yh, #0
207:        mov      xh, #0
208:        ldr      pc, [sp], #4
209:
```

```
###########################################################################
# src/lib/lib1funcs.S
###########################################################################
  1: /*
  2:  * linux/arch/arm/lib/lib1funcs.S: Optimized ARM division routines
  3:  *
  4:  * Author: Nicolas Pitre <nico@cam.org>
```

```
 5:  *    - contributed to gcc-3.4 on Sep 30, 2003
 6:  *    - adapted for the Linux kernel on Oct 2, 2003
 7:  */
 8:
 9: /* Copyright 1995, 1996, 1998, 1999, 2000, 2003 Free Software Foundation, Inc.
10:
11: This file is free software; you can redistribute it and/or modify it
12: under the terms of the GNU General Public License as published by the
13: Free Software Foundation; either version 2, or (at your option) any
14: later version.
15:
16: In addition to the permissions in the GNU General Public License, the
17: Free Software Foundation gives you unlimited permission to link the
18: compiled version of this file into combinations with other programs,
19: and to distribute those combinations without any restriction coming
20: from the use of this file.  (The General Public License restrictions
21: do apply in other respects; for example, they cover modification of
22: the file, and distribution when not linked into a combine
23: executable.)
24:
25: This file is distributed in the hope that it will be useful, but
26: WITHOUT ANY WARRANTY; without even the implied warranty of
27: MERCHANTABILITY or FITNESS FOR A PARTICULAR PURPOSE.  See the GNU
28: General Public License for more details.
29:
30: You should have received a copy of the GNU General Public License
31: along with this program; see the file COPYING.  If not, write to
32: the Free Software Foundation, 59 Temple Place - Suite 330,
33: Boston, MA 02111-1307, USA.  */
34:
35: /*
36: #include <linux/linkage.h>
37: #include <asm/assembler.h>
38: */
39:
40: #define ALIGN        .align 4,0x90
41: #define __LINUX_ARM_ARCH__  1
42:
43: #define ENTRY(name) \
44:   .globl name; \
45:   ALIGN; \
46:   name:
47:
48: .macro ARM_DIV_BODY dividend, divisor, result, curbit
49:
50: #if __LINUX_ARM_ARCH__ >= 5
51:
52:     clz    \curbit, \divisor
53:     clz    \result, \dividend
54:     sub    \result, \curbit, \result
55:     mov    \curbit, #1
56:     mov    \divisor, \divisor, lsl \result
57:     mov    \curbit, \curbit, lsl \result
58:     mov    \result, #0
59:
60: #else
61:
62:     @ Initially shift the divisor left 3 bits if possible,
63:     @ set curbit accordingly.  This allows for curbit to be located
64:     @ at the left end of each 4 bit nibbles in the division loop
65:     @ to save one loop in most cases.
66:     tst    \divisor, #0xe0000000
67:     moveq  \divisor, \divisor, lsl #3
68:     moveq  \curbit, #8
69:     movne  \curbit, #1
70:
71:     @ Unless the divisor is very big, shift it up in multiples of
72:     @ four bits, since this is the amount of unwinding in the main
73:     @ division loop.  Continue shifting until the divisor is
74:     @ larger than the dividend.
75: 1:  cmp    \divisor, #0x10000000
76:     cmplo  \divisor, \dividend
77:     movlo  \divisor, \divisor, lsl #4
78:     movlo  \curbit, \curbit, lsl #4
79:     blo    1b
```

```
80:
81:         @ For very big divisors, we must shift it a bit at a time, or
82:         @ we will be in danger of overflowing.
83: 1:      cmp     \divisor, #0x80000000
84:         cmplo   \divisor, \dividend
85:         movlo   \divisor, \divisor, lsl #1
86:         movlo   \curbit, \curbit, lsl #1
87:         blo     1b
88:
89:         mov     \result, #0
90:
91: #endif
92:
93:         @ Division loop
94: 1:      cmp     \dividend, \divisor
95:         subhs   \dividend, \dividend, \divisor
96:         orrhs   \result, \result, \curbit
97:         cmp     \dividend, \divisor, lsr #1
98:         subhs   \dividend, \dividend, \divisor, lsr #1
99:         orrhs   \result, \result, \curbit, lsr #1
100:        cmp     \dividend, \divisor, lsr #2
101:        subhs   \dividend, \dividend, \divisor, lsr #2
102:        orrhs   \result, \result, \curbit, lsr #2
103:        cmp     \dividend, \divisor, lsr #3
104:        subhs   \dividend, \dividend, \divisor, lsr #3
105:        orrhs   \result, \result, \curbit, lsr #3
106:        cmp     \dividend, #0              @ Early termination?
107:        movnes  \curbit, \curbit, lsr #4   @ No, any more bits to do?
108:        movne   \divisor, \divisor, lsr #4
109:        bne     1b
110:
111: .endm
112:
113:
114: .macro ARM_DIV2_ORDER divisor, order
115:
116: #if __LINUX_ARM_ARCH__ >= 5
117:
118:        clz     \order, \divisor
119:        rsb     \order, \order, #31
120:
121: #else
122:
123:        cmp     \divisor, #(1 << 16)
124:        movhs   \divisor, \divisor, lsr #16
125:        movhs   \order, #16
126:        movlo   \order, #0
127:
128:        cmp     \divisor, #(1 << 8)
129:        movhs   \divisor, \divisor, lsr #8
130:        addhs   \order, \order, #8
131:
132:        cmp     \divisor, #(1 << 4)
133:        movhs   \divisor, \divisor, lsr #4
134:        addhs   \order, \order, #4
135:
136:        cmp     \divisor, #(1 << 2)
137:        addhi   \order, \order, #3
138:        addls   \order, \order, \divisor, lsr #1
139:
140: #endif
141:
142: .endm
143:
144:
145: .macro ARM_MOD_BODY dividend, divisor, order, spare
146:
147: #if __LINUX_ARM_ARCH__ >= 5
148:
149:        clz     \order, \divisor
150:        clz     \spare, \dividend
151:        sub     \order, \order, \spare
152:        mov     \divisor, \divisor, lsl \order
153:
154: #else
```

```
155:
156:        mov     \order, #0
157:
158:        @ Unless the divisor is very big, shift it up in multiples of
159:        @ four bits, since this is the amount of unwinding in the main
160:        @ division loop.  Continue shifting until the divisor is
161:        @ larger than the dividend.
162: 1:     cmp     \divisor, #0x10000000
163:        cmplo   \divisor, \dividend
164:        movlo   \divisor, \divisor, lsl #4
165:        addlo   \order, \order, #4
166:        blo     1b
167:
168:        @ For very big divisors, we must shift it a bit at a time, or
169:        @ we will be in danger of overflowing.
170: 1:     cmp     \divisor, #0x80000000
171:        cmplo   \divisor, \dividend
172:        movlo   \divisor, \divisor, lsl #1
173:        addlo   \order, \order, #1
174:        blo     1b
175:
176: #endif
177:
178:        @ Perform all needed substractions to keep only the reminder.
179:        @ Do comparisons in batch of 4 first.
180:        subs    \order, \order, #3        @ yes, 3 is intended here
181:        blt     2f
182:
183: 1:     cmp     \dividend, \divisor
184:        subhs   \dividend, \dividend, \divisor
185:        cmp     \dividend, \divisor, lsr #1
186:        subhs   \dividend, \dividend, \divisor, lsr #1
187:        cmp     \dividend, \divisor, lsr #2
188:        subhs   \dividend, \dividend, \divisor, lsr #2
189:        cmp     \dividend, \divisor, lsr #3
190:        subhs   \dividend, \dividend, \divisor, lsr #3
191:        cmp     \dividend, #1
192:        mov     \divisor, \divisor, lsr #4
193:        subges  \order, \order, #4
194:        bge     1b
195:
196:        tst     \order, #3
197:        teqne   \dividend, #0
198:        beq     5f
199:
200:        @ Either 1, 2 or 3 comparison/substractions are left.
201: 2:     cmn     \order, #2
202:        blt     4f
203:        beq     3f
204:        cmp     \dividend, \divisor
205:        subhs   \dividend, \dividend, \divisor
206:        mov     \divisor, \divisor, lsr #1
207: 3:     cmp     \dividend, \divisor
208:        subhs   \dividend, \dividend, \divisor
209:        mov     \divisor, \divisor, lsr #1
210: 4:     cmp     \dividend, \divisor
211:        subhs   \dividend, \dividend, \divisor
212: 5:
213: .endm
214:
215:
216: ENTRY(__udivsi3)
217:
218:        subs    r2, r1, #1
219:        moveq   pc, lr
220:        bcc     Ldiv0
221:        cmp     r0, r1
222:        bls     11f
223:        tst     r1, r2
224:        beq     12f
225:
226:        ARM_DIV_BODY r0, r1, r2, r3
227:
228:        mov     r0, r2
229:        mov     pc, lr
```

```
230:
231: 11:    moveq    r0, #1
232:        movne    r0, #0
233:        mov      pc, lr
234:
235: 12:    ARM_DIV2_ORDER r1, r2
236:
237:        mov      r0, r0, lsr r2
238:        mov      pc, lr
239:
240:
241: ENTRY(__umodsi3)
242:
243:        subs     r2, r1, #1          @ compare divisor with 1
244:        bcc      Ldiv0
245:        cmpne    r0, r1             @ compare dividend with divisor
246:        moveq    r0, #0
247:        tsthi    r1, r2             @ see if divisor is power of 2
248:        andeq    r0, r0, r2
249:        movls    pc, lr
250:
251:        ARM_MOD_BODY r0, r1, r2, r3
252:
253:        mov      pc, lr
254:
255:
256: ENTRY(__divsi3)
257:
258:        cmp      r1, #0
259:        eor      ip, r0, r1         @ save the sign of the result.
260:        beq      Ldiv0
261:        rsbmi    r1, r1, #0         @ loops below use unsigned.
262:        subs     r2, r1, #1         @ division by 1 or -1 ?
263:        beq      10f
264:        movs     r3, r0
265:        rsbmi    r3, r0, #0         @ positive dividend value
266:        cmp      r3, r1
267:        bls      11f
268:        tst      r1, r2             @ divisor is power of 2 ?
269:        beq      12f
270:
271:        ARM_DIV_BODY r3, r1, r0, r2
272:
273:        cmp      ip, #0
274:        rsbmi    r0, r0, #0
275:        mov      pc, lr
276:
277: 10:    teq      ip, r0             @ same sign ?
278:        rsbmi    r0, r0, #0
279:        mov      pc, lr
280:
281: 11:    movlo    r0, #0
282:        moveq    r0, ip, asr #31
283:        orreq    r0, r0, #1
284:        mov      pc, lr
285:
286: 12:    ARM_DIV2_ORDER r1, r2
287:
288:        cmp      ip, #0
289:        mov      r0, r3, lsr r2
290:        rsbmi    r0, r0, #0
291:        mov      pc, lr
292:
293:
294: ENTRY(__modsi3)
295:
296:        cmp      r1, #0
297:        beq      Ldiv0
298:        rsbmi    r1, r1, #0         @ loops below use unsigned.
299:        movs     ip, r0             @ preserve sign of dividend
300:        rsbmi    r0, r0, #0         @ if negative make positive
301:        subs     r2, r1, #1         @ compare divisor with 1
302:        cmpne    r0, r1             @ compare dividend with divisor
303:        moveq    r0, #0
304:        tsthi    r1, r2             @ see if divisor is power of 2
```

```
305:        andeq   r0, r0, r2
306:        bls     10f
307:
308:        ARM_MOD_BODY r0, r1, r2, r3
309:
310: 10:    cmp     ip, #0
311:        rsbmi   r0, r0, #0
312:        mov     pc, lr
313:
314:
315: Ldiv0:
316:
317:        str     lr, [sp, #-4]!
318: /*     bl      __div0  */
319:        mov     r0, #0              @ About as wrong as it could be.
320:        ldr     pc, [sp], #4
321:
322:
```

```
###############################################################################
# src/lib/Makefile
###############################################################################
 1: #=============================================================
 2: # /* Author: Qu Bo <qu99adm@126.com> <http://www.qu99.net> */
 3: #=============================================================
 4: CROSS_COMPILE = arm-linux-
 5:
 6: CC       = $(CROSS_COMPILE)gcc
 7: CPP      = $(CC) -E
 8: LD       = $(CROSS_COMPILE)ld
 9: AS       = $(CROSS_COMPILE)as
10: #AS      = $(CROSS_COMPILE)gcc
11: AR       = $(CROSS_COMPILE)ar
12: NM       = $(CROSS_COMPILE)nm
13: OBJCOPY  = $(CROSS_COMPILE)objcopy
14: OBJDUMP  = $(CROSS_COMPILE)objdump
15:
16: CPPFLAGS= -I../app -I../arch -I../kernel -I../include
17: CFLAGS   = $(CPPFLAGS) -O2 -Wall -fno-builtin
18: #AFLAGS  = $(CPPFLAGS) -Wall -c
19: AFLAGS   = $(CPPFLAGS) -W
20: LDFLAGS  = -r
21: BFLAGS   = -R .pdr -R .comment -R.note -S -O binary
22: DAFLAGS  = -D
23:
24: %.s: %.c
25:     $(CC) $(CFLAGS) -S -o $@ $<
26: %.o: %.c
27:     $(CC) $(CFLAGS) -c -o $@ $<
28: %.o: %.s
29:     $(AS) $(AFLAGS) -o $@ $<
30:
31: OBJS     = ctype.o muldi3.o div64.o lib1funcs.o
32:
33: libc.a: $(OBJS)
34:     $(AR) -r $@ $(OBJS)
35:
36: clean:
37:     rm -f core *.o *.a *.elf tmp_make
38:     rm -f ../arch/*.o ../kernel/*.o
39:     for i in *.c;do rm -f `basename $$i .c`.s;done
40:
41: dep:
42:     sed '/\#\#\# Dependencies/q' < Makefile > tmp_make
43:     (for i in *.c;do echo -n `echo $$i | sed 's,\.c,\.s,'`" " ; \
44:         $(CPP) -M $$i;done) >> tmp_make
45:     cp tmp_make Makefile
46:     rm -f tmp_make
47:
48: ### Dependencies:
```

```
###############################################################################
# src/lib/muldi3.c
###############################################################################
 1: /* More subroutines needed by GCC output code on some machines.  */
```

```
 2: /* Compile this one with gcc.  */
 3: /* Copyright (C) 1989, 92-98, 1999 Free Software Foundation, Inc.
 4:
 5: This file is part of GNU CC.
 6:
 7: GNU CC is free software; you can redistribute it and/or modify
 8: it under the terms of the GNU General Public License as published by
 9: the Free Software Foundation; either version 2, or (at your option)
10: any later version.
11:
12: GNU CC is distributed in the hope that it will be useful,
13: but WITHOUT ANY WARRANTY; without even the implied warranty of
14: MERCHANTABILITY or FITNESS FOR A PARTICULAR PURPOSE.  See the
15: GNU General Public License for more details.
16:
17: You should have received a copy of the GNU General Public License
18: along with GNU CC; see the file COPYING.  If not, write to
19: the Free Software Foundation, 59 Temple Place - Suite 330,
20: Boston, MA 02111-1307, USA.  */
21:
22: /* As a special exception, if you link this library with other files,
23:    some of which are compiled with GCC, to produce an executable,
24:    this library does not by itself cause the resulting executable
25:    to be covered by the GNU General Public License.
26:    This exception does not however invalidate any other reasons why
27:    the executable file might be covered by the GNU General Public License.
28:  */
29: /* support functions required by the kernel. based on code from gcc-2.95.3 */
30: /* I Molton    29/07/01 */
31:
32: #include "gcclib.h"
33:
34: #define umul_ppmm(xh, xl, a, b) \
35: {register USItype __t0, __t1, __t2;                              \
36:   __asm__ ("%@ Inlined umul_ppmm              \n\
37:         mov    %2, %5, lsr #16                 \n\
38:         mov    %0, %6, lsr #16                 \n\
39:         bic    %3, %5, %2, lsl #16             \n\
40:         bic    %4, %6, %0, lsl #16             \n\
41:         mul    %1, %3, %4              \n\
42:         mul    %4, %2, %4              \n\
43:         mul    %3, %0, %3              \n\
44:         mul    %0, %2, %0              \n\
45:         adds   %3, %4, %3              \n\
46:         addcs  %0, %0, #65536               \n\
47:         adds   %1, %1, %3, lsl #16          \n\
48:         adc    %0, %0, %3, lsr #16"                      \
49:           : "=&r" ((USItype) (xh)),                      \
50:             "=r" ((USItype) (xl)),                       \
51:             "=&r" (__t0), "=&r" (__t1), "=r" (__t2)      \
52:           : "r" ((USItype) (a)),                         \
53:             "r" ((USItype) (b)));}
54:
55:
56: #define __umulsidi3(u, v) \
57:   ({DIunion __w;                                          \
58:     umul_ppmm (__w.s.high, __w.s.low, u, v);              \
59:     __w.ll; })
60:
61:
62: DItype
63: __muldi3 (DItype u, DItype v)
64: {
65:   DIunion w;
66:   DIunion uu, vv;
67:
68:   uu.ll = u,
69:   vv.ll = v;
70:
71:   w.ll = __umulsidi3 (uu.s.low, vv.s.low);
72:   w.s.high += ((USItype) uu.s.low * (USItype) vv.s.high
73:               + (USItype) uu.s.high * (USItype) vv.s.low);
74:
75:   return w.ll;
76: }
```

77:

```
################################################################################
# src/Makefile
################################################################################
 1: #============================================================================
 2: # /* Author: Qu Bo <qu99adm@126.com> <http://www.qu99.net> */
 3: #============================================================================
 4: CROSS_COMPILE = arm-linux-
 5:
 6: CC      = $(CROSS_COMPILE)gcc
 7: CPP     = $(CC) -E
 8: LD      = $(CROSS_COMPILE)ld
 9: AS      = $(CROSS_COMPILE)as
10: AR      = $(CROSS_COMPILE)ar
11: NM      = $(CROSS_COMPILE)nm
12: OBJCOPY    = $(CROSS_COMPILE)objcopy
13: OBJDUMP    = $(CROSS_COMPILE)objdump
14:
15: CPPFLAGS= -I./include
16: CFLAGS    = $(CPPFLAGS) -Wall -O2
17: AFLAGS    = $(CPPFLAGS) -W
18: LDFLAGS   = -Tarch/arch.lds -L../lib
19: BFLAGS    = -O binary -S
20: DAFLAGS   = -D -m arm
21:
22: OBJNAME    = qute
23: OBJELF   = app/$(OBJNAME).elf
24: OBJIMG   = build/$(OBJNAME).bin
25: OBJASM   = build/$(OBJNAME).asm
26: OBJMAP   = build/$(OBJNAME).map
27:
28: ARCHOBJ    = arch/arch.o
29: APPOBJ     = app/app.o
30: DEVOBJ     = dev/dev.o
31: KERNOBJ    = kern/kern.o
32:
33: OBJS   = $(ARCHOBJ) $(APPOBJ) $(DEVOBJ) $(KERNOBJ)
34: LIB    = lib/libc.a
35:
36: all :    message $(OBJIMG)
37:
38: message:
39:     @echo "########## Building QUTE Image File ...... ##########"
40:
41: $(OBJIMG): $(OBJELF)
42:     $(OBJDUMP) $(DAFLAGS) $(OBJELF) > $(OBJASM)
43:     $(OBJCOPY) $(BFLAGS) $(OBJELF) $(OBJIMG)
44:
45: $(OBJELF): $(OBJS) $(LIB)
46:     $(LD) $(LDFLAGS) -o $@ $^ -Map $(OBJMAP)
47:
48: $(ARCHOBJ):
49:     (cd arch; make)
50:
51: $(APPOBJ):
52:     (cd app; make)
53:
54: $(DEVOBJ):
55:     (cd dev; make)
56:
57: $(KERNOBJ):
58:     (cd kern; make)
59:
60: $(LIB) :
61:     (cd lib; make)
62:
63: clean:
64:     @rm -f build/*
65:     (cd arch; make clean)
66:     (cd app; make clean)
67:     (cd dev; make clean)
68:     (cd kern; make clean)
69:     (cd lib; make clean)
70:
```

```
################################################################################
# src/Makefile.in
################################################################################
 1: #==============================================================================
 2: # /* Author: Qu Bo <qu99adm@126.com> <http://www.qu99.net> */
 3: #==============================================================================
 4: CROSS_COMPILE = arm-linux-
 5:
 6: CC       = $(CROSS_COMPILE)gcc
 7: CPP      = $(CC) -E
 8: LD       = $(CROSS_COMPILE)ld
 9: AS       = $(CROSS_COMPILE)as
10: AR       = $(CROSS_COMPILE)ar
11:
12: CPPFLAGS= -I../include -I../
13: CFLAGS    = $(CPPFLAGS) -Wall -O2 -fno-builtin
14: AFLAGS    = $(CPPFLAGS) -W
15: LDFLAGS   = -r
16:
17: %.o:%.c
18:     $(CC) $(CFLAGS) -c -o $@ $<
19: %.o:%.s
20:     $(AS) $(AFLAGS) -o $@ $<


################################################################################
# 声明: 以上源程序代码中下列程序源于公开源码, 其版权为原作者所有
#       src/include/ctype.h src/include/gcclib.h src/lib/*.*
################################################################################
```

参考文献

［1］A. N. Sloss，D. Symes，C. Wright. ARM System Developer's Guide：Designing and Optimizing System Software. Elsevier Inc. ，2004.

［2］T. Noergaard. Embedded Systems Architecture：A Comprehensive Guide for Engineers and Programmers. Elsevier Inc，2005.

［3］W. Wolf. Computers as Components：Principles of Embedded Computing System Design. Morgan Kaufmann pub，2005.

［4］M. Barr，A. Massa. Programming Embedded Systems (Second Edition). O'Reilly Media，Inc. ，2006.

［5］D. E. Simon. An Embedded Software Primer. Addison－Wesley，2005.

［6］J. J. Labrosse. Micro C/OS－II the Real－Rime Kernel (2E). CMP Media LLC，2002.

［7］A. Silberschatz，P. B. Galvin. Operating System Concepts (6th Edition)，John Wiley & Sons，Inc. ，2002.

［8］L. F. Bic，A. C. Shaw. Operating System Principles. Prentice Hall. Inc. ，2003.

［9］M. J. Bash，The Design of the UNIX Operating System. Prentice Hall，Inc. ，2006.

［10］A. S. Tanenbaum，A. S. Wookhull. Operating Systems：Design and Implementation (3E). Prentice Hall，Inc. ，2008.

［11］K. Yaghmour，J. Masters，G. B. Yossef，P. Gerum. Building Embedded Linux System. O'Reilly Media，Inc. ，2008.

［12］R. Love. Linux System Programming. O'Reilly Media，Inc. ，2007.

［13］R. M. Stallman. Using the GNU Compiler Collection. 2002.

［14］ARM limited. ARM Architecture Reference Manual. 2005.

［15］ARM limited. ARM Developer Suite Assembler Guide. 2001.

［16］吴健,张华,胡天链,王姮. 基于 Nand Flach 存储器的嵌入式系统启动引导程序设计 ［J］. 西南科技大学学报,2006,21(4)：53-57.

［17］陈莉君,张琼声,张宏伟译. 深入理解 Linux 内核［M］. 北京:中国电力出版社,2007.

［18］罗蕾. 嵌入式实时操作系统及应用开发［M］. 北京:北京航空航天大学出版社,2001.

［19］http://www. ibm. com/developerworks/cn/linux/l-linuxboot/

［20］http://blog. csdn. net/racehorse/article/details/1867468

图书在版编目(CIP)数据

嵌入式操作系统实验指导教程/曲波主编.--南京:
南京大学出版社,2013.3(2017.12重印)

应用型本科院校计算机类专业校企合作实训系列教材

ISBN 978 - 7 - 305 - 11407 - 6

Ⅰ.①嵌…　Ⅱ.①曲…　Ⅲ.①实时操作系统－高等学
校－教材　Ⅳ.①TP316.2

中国版本图书馆 CIP 数据核字(2013)第 087387 号

出版发行　南京大学出版社
社　　　址　南京市汉口路 22 号　　　邮　　编　210093
出 版 人　金鑫荣

丛 书 名　应用型本科院校计算机类专业校企合作实训系列教材
书　　　名　嵌入式操作系统实验指导教程
主　　　编　曲　波
责任编辑　邱　丹　单　宁　　　编辑热线 025 - 83596923

照　　　排　南京理工大学资产经营有限公司
印　　　刷　南京人文印务有限公司
开　　　本　787×1 092　1/16　印张 9.75　字数 231 千
版　　　次　2013 年 3 月第 1 版　　2017 年 12 月第 2 次印刷
ISBN　978 - 7 - 305 - 11407 - 6
定　　　价　28.00 元

网　　　址:http://www.njupco.com
官方微博:http://weibo.com/njupco
官方微信号:njupress
销售咨询热线:(025)83594756

＊版权所有,侵权必究
＊凡购买南大版图书,如有印装质量问题,请与所购
　图书销售部门联系调换